JN079759

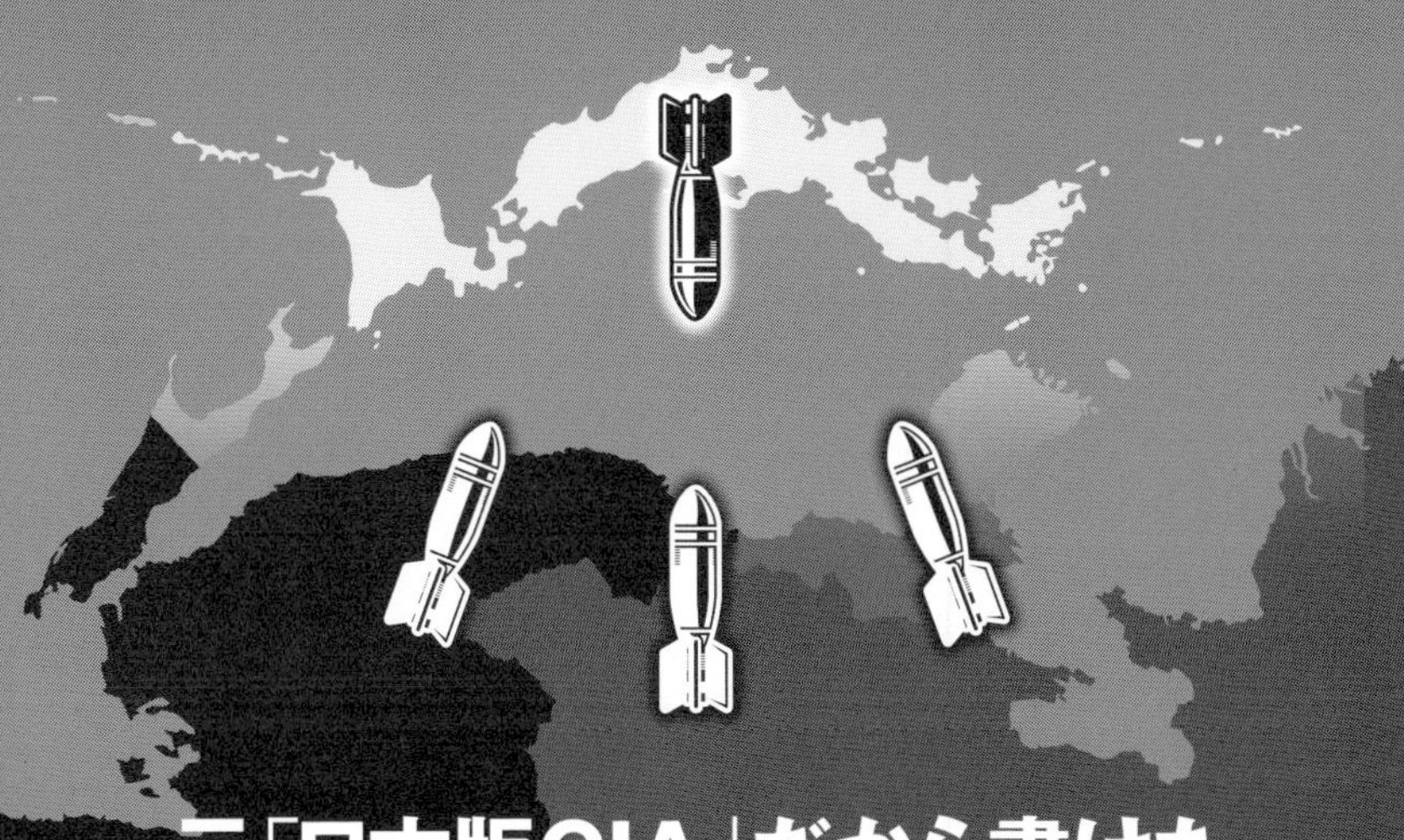

元「日本版CIA」だから書けた

日本核武装試論

「アジア有事」を生き抜くインテリジェンス

菅沼光弘 *Mitsubiro Suganuma*

清談社
Publico

日本核武装試論

元「日本版CIA」だから書けた

「アジア有事」を生き抜くインテリジェンス

菅沼光弘

清談社
Publico

はじめに　日本が選択を迫られる「たったひとつの道」

先の大戦で、日本は東京、大阪をはじめとした都市の多くを焼失するという、建国以来最大の打撃を受けました。中国大陸や太平洋の島々でも無数の戦死者を出し、いまだ多くの屍が野に海にさらされたまま、祖国への帰還を待ち続けています。なんといっても、人類史上最初となる広島、それに続く長崎の原爆の受難は日本人の胸に平和の尊さを刻み込みました。「二度と戦争はごめんだ」。その思いは日本人共通の願いでもあります。

しかし、ともすれば、日本人にとっての「平和」は観念的なもの、あるいはスローガン的なものに完結し、どうやって平和を守るべきか、安全保障に立脚したリアルな論議は置き去りにされてきました。たとえば戦力放棄を謳った現日本国憲法を「平和憲法」と呼ぶ欺瞞は、その顕著な例です。

独自の戦力を持たず、他国に防衛を任せている国というのは、真の意味での独立国とはいえません。日本国憲法はアメリカが日本を従属国に留め置くための、いわば方便だったのです。

なぜ、そこまで日本を骨抜きにする必要があったか。ひとつの大きな理由は旧日本軍の強さにほかなりません。

戦後、日本にやってきた進駐軍のある幹部が、「われわれはこんな貧しい国を降伏させるのに3年8カ月もかかったのか」と漏らしたという有名なエピソードがあります。それほど資源もない、食糧もない、土地もない、ないないづくしのなか、日本は戦い、軍民合わせて徹底的な抵抗を示し、大国アメリカを手こずらせたのでした。戦後の日本人は、「アメリカなんかと戦争すべきではなかった」としばしば口にしますが、アメリカもまた本音の部分でいえば、「日本なんかと戦争すべきではなかった」「ヨーロッパ戦線に集中すべきだった」と、ため息をついたはずです。

その後、朝鮮戦争が勃発し、アジア全土の赤化（せっか）を恐れたアメリカは一転、警察予備隊、のちの自衛隊の設立を日本に要請します。実質上の軍隊であり、その存在は明らかに日本国憲法とは矛盾しますが、政府・自民党は時節時節の解釈でごまかし、自衛隊を憲法の私生児として、どうにか存続させてきました。

その間も自衛隊は日本の海を、空を守り、海外を舞台とした平和維持活動に従事し、各種災害に体を張って対応してきたのです。自分たちの存在を否定する憲法のもとでの活動ということを思うと不憫（ふびん）といわざるをえません。そんな自衛隊の存在を憲法に明示しようとした初めての総理大臣が安倍晋三（あべしんぞう）でした。安倍総理は「憲法第9条1、2項を残しつつ、自衛隊を明文で書き込む」という考えを示しました。安倍総理のこの案は、いわば私生児の立場に置かれた自衛隊に法律上の実子「認知」をしようというものにすぎず、憲法改正派から見ればはなはだ半端なものですが、蟻（あり）の一穴という意味では大きな一歩の表明だったといえます。それほど左様に憲法改正をよしとしない勢力の抵抗はすさまじいのです。

果たせるかな、安倍案さえも実行はおぼつかなくなり、いまだこの国に占領国憲法が根を張っています。一日も早く自衛隊を「認知」でもなく正式な日本の家族として迎えてあげるべきだと思わずにはいられません。

幸い、長年の左派マスコミによる洗脳から国民の意識も少しずつ解き放たれ、いまでは改憲への理解も深まりつつあります。安倍元総理がやり残した最後の大事業として憲法改正を実現させてもらいたいものです。世界は動いています。もう待ったなしなのです。

というのも、日本をとりまく状況は、まさに風雲急を告げると表現するにふさわしいからです。日本列島の背後には、いま、二つの帝国主義が渦を巻かんとしています。ひとつはウラジーミル・プーチンの新ロシア帝国主義です。プーチンはかつてのソビエト連邦、さらにそれを遡るロシア帝国の再建を目指し、クリミアを併合し、ウクライナに手を出しています。もうひとつは「偉大な中華民族の復興」を掲げて台湾併呑（へいどん）に乗り出そうとしている習近平（しゅうきんぺい）の新中華帝国主義です。この二つの国とも核保有国だということは忘れてはなりません。

近年、ロシアは北海道を、中国は沖縄を自国の潜在的領土と主張しています。ウクライナの次は北海道かもしれません。もっと現実的な脅威は中国です。台湾有事は日本有事を意味し、そのときは沖縄も無傷ではいられません。果たしてアメリカが沖縄を、日本を守ってくれるかは保証のかぎりではないのです。

その証拠に、米軍はいま、どんどん沖縄からグアムに後退しています。少なくとも己の身は己で守るという強い姿勢がなければ安保条約も発動されません。アメリカとて戦う意思がない者を助ける道理はないからです。

また、東アジアには北朝鮮という、これまたやっかいな核保有国が存在します。ほかにインド、パキスタンも核保有国です。北朝鮮に中距離弾道ミサイルの技術を渡したのはイランだといわれていますが、そのイランも秘密裏に核開発を再開したという情報が入ってきました。

ヨーロッパを見ればイギリスとフランスが核保有国ですが、この2国間で核を撃ち合う、あるいは核恫喝（どうかつ）をし合うということは考えられません。となれば、核を持ち、世界を恫喝する国はアジア、ありていにいえば日本の周囲に集中しているということになります。

この現実をどう見るか、いま、われわれは答えを迫られているのです。

日本は戦後70年以上、アメリカの核の傘の下で平和を謳歌し、世界有数の経済大国へとのし上がりました。「〝平和〟と声を上げれば平和が保たれる」。そんな錯覚に陥っていたのです。平和ボケといわれるゆえんです。

私は経済大国という看板だけで日本が一等国を名乗れる時代は、そろそろ終わりに向かっていると思っています。これからは核保有国が一等国たるに欠かせぬ条件になると予言しておきたい。中国がいまのように強国になりえたのは13億の市場、世界の工場という見せかけの経済有利だけではなく、アジア有数の核保有国という裏づけがあったからです。言い換えるなら、北朝鮮のような貧しい国も条件さえ整えれば、いつの日か一等国に躍り出ることもありうるかもしれない。

となれば、日本も自衛のための核を持つという議論も始まっていいはずです。その実現には憲法改正以上の高いハードルが待っているでしょう。本書の読者にも強い抵抗感があるかもしれない。しかし、あえてその可能性に関して読者とともに考えてみようと、本書を書きました。核保有賛成派も反対派も、ぜひ一読いただきたいと思います。

「はじめに」の最後に、平和ボケの日本人が美しい誤解を抱いているもの二つを挙げておきましょう。

共産主義と宗教です。

日本人は共産主義を平等と平和の思想だと長く勘違いし、いまだその幻想から完全に抜け出していません。平等なはずの社会主義の国が独裁者に支配され、一党独裁のもと、一部の党エリートを除いて人民の多くが搾取にあえいでいる現実を、なかなか直視できなかったのです。「それは為政者が間違っていただけであり、マルクス主義自体は、いまの世も通用するすばらしいイデオロギーだ」という人もいますが、それはどう好意的に解釈しても詭弁にすぎません。

先に挙げた日本の脅威となっている三つの国、中国、ロシア、北朝鮮が、かつての社会主義国、あるいはいまも社会主義を標榜している国からもわかるとおり、社会主義が平和の思想であるのは、もはや捨てるべき幻想です。

日本は敗戦と同時に極東軍事裁判にかけられ、戦争を主導したという罪名のもと、東条英機以下7人がA級戦犯として死刑に処されました。当時、日本人は誰ひとり、それに異議を唱えることはできなかったのです。

ソ連邦崩壊とは、いってみれば共産主義の敗戦です。本来なら共産主義者のリーダーたちも国際的な裁判にかけられ、処罰（死刑はともかく）されるべきだったと思います。共産主義の主導者は日本の軍国主義など足もとにおよばない数の人間を殺し、略奪し、植民地と奴隷をつくってきましたし、いまも中国はチベットやウイグルでそれを行っています。共産主義者に責任を取らせなかった。それは人類にとっての大きな過ちであり、未来に禍根を残すことになったのです。

そして宗教。ありていにいえば一神教です。日本人はキリスト教というものをロマンチックに考えすぎだと思います。クリスチャンでもないのにクリスマスを祝い、教会で結婚式を挙げたがるのはご愛嬌（あいきょう）としても、歴史的に見て、キリスト教が神の名のもとに行った数多くの戦争や侵略行為を忘れている人が多い。幸いというか、日本の歴史は宗教紛争とは無縁でした。それだけに宗教に対する警戒心が低いのです。

古代には仏教派の蘇我（そが）氏と神道を守護する物部（もののべ）氏の争いがありましたが、あれはどちらかというと朝廷を軸とする権力闘争の意味合いが強かった。蘇我氏の勝利後も神道は生き続け、神仏習合というご都合主義的な概念も生まれました。しかし、一神教の神は、そんなに寛容ではありません。異教徒に対しては「改宗、さもなくば死」です。

同じ神を信奉する者同士でもイスラム教とユダヤ教はいがみ合い、キリスト教徒ですらカトリックとプロテスタントに分かれて殺し合いを演じていたのは、北アイルランドの例を見るまでもありません。

じつはロシア・ウクライナ戦争も独立と併合をめぐる争いだけではなく、宗教戦争という局面を持っているのです。それに関しては本書を読んでいただければご理解できるかと思います。

戦争は起きてほしくないし、起こったなら早期に終結してもらいたい。しかし、この戦争を他山の石として、日本人が自分たちの足もとをしっかり見つめる機会にすることも大切かと思います。

この国、そしてアジアの平和がいつまでも続きますように。

菅沼光弘（すがぬまみつひろ）

元「日本版CIA」だから書けた 日本核武装試論——目次

はじめに　日本が選択を迫られる「たったひとつの道」……2

第1章 「日本有事」としてのロシア・ウクライナ戦争

日本人が気づき始めた「戦争のリアル」……20
ロシア・ウクライナ戦争は「日本有事」である……22
じつは日本人の過半数が支持する憲法改正……23
矛盾だらけの日本共産党の「憲法第9条」理論……25
プーチン発言で極端に低下した「核のハードル」……26
世界最大の核保有国としてのロシア……29
世界第3位の核保有国だったウクライナ……31
なぜ、ウクライナは空母を売却したのか……32
「軍拡が戦争を招く」のウソ……34

ウクライナがロシアに五分以上の戦いを見せる理由……36
西側の武器供与に見る「戦争のリアリズム」……38

第2章 世界は「日本の核保有」を恐れている

すでに前提が崩れている「非核三原則」……44
「首が飛ぶときにヒゲの心配をしてどうする」……46
「正論」を述べて更迭された統合幕僚長……48
保守とはいえない「自民党右派」の正体……50
日本の核保有を予言したヘンリー・キッシンジャー……52
エマニュエル・トッドの「核武装のすすめ」……54
「アメリカは核拡散を促すような行動をしている」……57
「第3次世界大戦」はもう始まっている……60
もはや他国を守る余裕がないアメリカ……64
NPT（核拡散防止条約）が本当に縛りたい国とは……65
なぜ、原爆投下という戦争犯罪は正当化されるのか……67
バラク・オバマが広島で謝罪しなかった理由……69
アメリカにとっては「人体実験」だった広島と長崎……70

日本の原爆で命拾いした南北朝鮮……72
終戦直後はネガティブな言葉ではなかった「ATOM」……74
アメリカの核をソ連に売ったローゼンバーグ夫妻……75
世界がその威力に震撼した「ツァーリ・ボンバ」……77
1964年の東京五輪にぶつけられた中国の原爆実験……80
アメリカが認める「報復権」という考え方……81
報復権を否定して刑場の露と消えた岡田資中将……84
日本の「核報復」を恐れるアメリカ……85
ユダヤ人の報復心を利用した原爆開発……87
アメリカは「日本の強さ」を知っている……89
アメリカの恐怖心が生んだGHQの洗脳教育……91

第3章 中国、北朝鮮の核は日本がつくった

GHQが驚嘆した日本の原爆開発レベル……94
ナチス・ドイツ経由でもたらされた日本の核技術……95
原爆がつくれたのはアメリカと日本だけだった……96
世界をリードした「F研究」と「二号研究」……99

「ウランを制する国は世界を制す」……101
知られざる資源大国・北朝鮮……102
じつは世界は北朝鮮の資源を狙っている……104
昭和天皇が核開発に待ったをかけた説……106
中国に流出した日本人研究者……107
ソ連からも核技術を引き出した中国……109
銭三強の「両弾一星政策」と日本人……111
中国初の原爆がウラン型だった意味……113
中国とほぼ同時に始まった北朝鮮の核開発……114
「核の平和利用」を訴えた科学者たちの思惑……115
中国に利用された「原子力村」の善意……117
ソ連崩壊で漏れ出した北朝鮮の核技術……118
「隣国を援助する国は滅びる」……120
韓国の核保有を画策した朴正熙……121
朴正熙はアメリカに暗殺された……123
韓国版「本能寺の変」を演じた暗殺犯……125
北朝鮮にまんまと騙されたジミー・カーター……126
敗戦国でも核保有ができる「二重鍵」方式……128

「統一朝鮮」の仮想敵国は日本である……130

第4章 誰が日本の核保有を阻んでいるのか

「日本はすぐに核兵器をつくれる」のウソ……134
輸入に頼っている日本のプルトニウム確保……135
福島第一原発事故が日本に与えた損失……137
かつて核兵器技術でトップを走っていた東芝……138
東芝凋落を招いた戦犯……140
アメリカの逆鱗に触れた東芝……141
東芝がアメリカに隠しておきたかったこと……142
「見えない恐怖」から脱却せよ……144
小型原子炉の開発が日本再生の第一歩……145
核廃棄物も出さない「夢の原子炉」……146
「こんな田舎者に極東アジアのかじ取りはさせてはならない」……147
金日成にまんまと籠絡された金丸信……150
アメリカの「宿題」を忘れた小泉純一郎……151
アメリカの不興を買った政治家たちの末路……153

第5章　宗教から読み解くロシア・ウクライナ戦争

大方の予想を外したロシアのウクライナ侵攻……158
「囚人部隊」を投入するロシア軍……160
ウクライナ兵士の士気を高める「ロシアへの怨念」……162
スターリンに人口の20％を餓死させられる……164
「ウクライナはネオナチの巣窟」の真偽……165
ナチス・ドイツのホロコーストも経験……167
ヨーロッパ情勢の解読は「一神教」への理解から……168
つねに国際紛争の背後にある米、ソ、中の影……171
「宗教対立」で読み解くヨーロッパの戦争……172
「東欧の鬼っ子」ユーゴスラビア……173
ユーゴスラビア分裂も宗教で読み解ける……175
ウクライナのEU接近が意味するもの……176
プーチンが敬愛する「二人の皇帝」……178
総主教・キリル1世は元KGBのエージェント……180
アンゲラ・メルケルが見たプーチンの性癖……182
世界総主教から独立を承認されたウクライナ正教会……184

ウクライナ正教会に埋められた大量の惨殺遺体……186
カトリックに改宗したゼレンスキー大統領……187
ポーランドがウクライナ避難民を受け入れた背景……188
「ロシア正教会離れ」が進むロシア軍……190

第6章 インテリジェンスが見た戦争の「本当の勝者」

戦争は「誰がいちばん得をするか」から読み解く……194
第9条があっても他国の戦争に巻き込まれる時代……196
なぜ、ドイツはロシアにエネルギーで依存し続けるのか……198
ヨーロッパの対ロシア政策が崩れる危険性……200
ソ連崩壊の舞台裏を苦々しい顔で見ていたプーチン……204
ロシア・ウクライナ戦争で笑いが止まらない人々……206
エネルギー資源が牽引するアメリカ経済の復活……208
ウクライナの「小麦」が世界経済を混乱に陥れる……211
兵器産業の隆盛で笑いが止まらないロスチャイルド……213

第7章 「アジア有事」から日本を守る方法

なぜ、中国は「台湾統一」をアピールし始めたのか……218
「火薬庫」はバルカン半島から朝鮮半島へ……220
世界中どこでも身ひとつで根を下ろせる中国人……221
「南北統一」がアジア有事の発火点となる……224
じつは合理的思考を持つ金正恩……226
情報化社会に対応した北朝鮮のシフトチェンジ……227
「軍による党支配」から「党による軍支配」へ……229
笑いながら「中国はウソつきだ」と言った金正恩……231
個人独裁の限界を悟っていた金正日……234
北朝鮮が米軍の韓国からの撤退を望まない真意……236
「北朝鮮＋アメリカ」vs.「韓国＋中国」の時代へ……238
香港やチベットの独立心に火をつけたウクライナの善戦……241
「台湾独立」と「対中戦争回避」のあいだで揺れるアメリカ……244
日本が生き残る「たったひとつの方法」……247

あとがきにかえて　但馬オサム……249

第1章

「日本有事」としてのロシア・ウクライナ戦争

日本人が気づき始めた「戦争のリアル」

近年、ロシア・ウクライナ戦争ほど日本人一般の関心を呼んだ戦争は、おそらくないのではないでしょうか。

たとえば、これまで中東で紛争が起こっても、せいぜい原油価格がどれくらい上がるかなどの心配はしても、安全保障に直接かかわることでもなし、どこか遠い国同士の争い程度の感覚だったように感じている人がほとんどだったと思います。130億ドルもの戦費を負担させられた湾岸戦争、アメリカから「ショー・ザ・フラッグ!」(国旗を示せ!)と圧力をかけられ、慌てて「テロ対策特別措置法案」を可決させ、自衛隊を送ったアフガニスタン紛争にしても、国民の関心のほとんどは国会での与野党の攻防というコップのなかの嵐に向けられていました。

しかし、ロシア・ウクライナ戦争に関する国民、それにマスコミの反応は、それらのときとは明らかに質を異にしたものだったといっていいでしょう。

ひとつには旧ソ連地域という極東、日本の目と鼻の先で起こった戦争であり、大国ロシアが小国ウクライナに突然侵攻して起きた戦争であるという事実が平和ボケ日本人に戦争の現実性を突きつけた格好になったわけです。

ご存じのとおり、ウクライナはソ連の構成国の一員であり、ソ連体制崩壊後に独立した国です。ロシアからすれば、かつての自国の一部であり、このたびの戦争はその国の一部を奪還するための戦争という言い方もできるかもしれません。これに先んじた2014年、ロシアはやはりソ連の一部だったクリミアを武力で併合しています。ソ連崩壊後、クリミアはウクライナに帰属すると見られており、これは明らかな侵略ですが、ロシアのプーチン大統領は国際的な非難の声などどこ吹く風といった態度でした。

これから見ても、プーチンの最終目標はソ連の再建にあると断じていいでしょう。これは中国国家主席の習近平が「偉大なる中華民族の復興」を謳い、台湾併合に武力も辞さぬ構えであることと酷似しています。というより、ロシアのウクライナ侵攻と中国の台湾侵攻は、ある意味、連動しているといってもいいのです。習近平はロシア・ウクライナ戦争の行方を静観していることと思います（＊）。中国の台湾侵攻がすぐに起きるか、何年か先に延びるかは、この戦争次第ということを意味するのです。むろんアメリカを含めた国際情勢もしっかり視野に入れ、したたかに機会をうかがっているに違いありません。

＊但馬（たじま）オサム（構成者）注＝2023年4月の習近平・プーチン会談でも習近平が仲介案を出したが、ポーズに終わりそうだ。

ロシア・ウクライナ戦争は「日本有事」である

プーチンのウクライナ侵攻をロシア内の誰も止められなかったのと同じく、いざ習近平が台湾侵攻にGOを出してしまったら、中国共産党内でこれを止められる者はいません。独裁とはそういうものです。

台湾有事は、すなわち日本有事でもあり、いざ侵攻が始まれば日本も無傷ではいられないのは明らかです。ということは、ロシア・ウクライナ戦争がよりリアルに日本の安全保障に影響をもたらすことを意味します。

ロシア・ウクライナ戦争で日本人が自覚した安全保障のリアルとは、まず、こちらが戦闘の意思がなくても、ある日、突然、強大な武力を持った大国が攻め入ってくることがあるということ。一度奪われた領土、国土は武力で奪い返さないかぎり取り戻すことが不可能ということです。リベラルがいうような「話し合いで解決」など寝言にほかなりません。国際社会の非難や経済制裁もどこまで効果があるのか、クリミアの例を見れば理解できるでしょう。

そして、これはいま、台湾も身につまされていることですが、いざとなったらアメリカはどこまで助けてくれるのだろうかという不安です。当然、ここから導き出されるのは自衛力の強化の急務であり、ありていにいえば現行憲法の改正です。

2022年5月に行われた日米首脳会談で岸田文雄総理はジョー・バイデン大統領に防衛費の「相当な増額」の決意を示し、それがようやく実現の運びとなりました。具体的な金額は明らかにしていませんが、安倍元総理は「6兆円後半から7兆円を視野に入れた金額」が相当としています。2022年度の防衛予算は5兆4000億円ですから、1兆円強の増額です。とはいえ、これは来年度を見込んでのとりあえずの予算で、今後はさらなる増額が必至でしょう。

優柔不断の「検討使」といわれてきた岸田総理ですが、これに関しては、とりあえず評価していいと正直思います。それから反撃能力の保有。これもないほうがおかしい。相手が殴ってきたらこちらも殴り返すだけの能力を保持するのは防衛のイロハです。

しかし、いくら防衛費を増やし、兵器や装備を最新のものに替えても、現行の憲法や自衛隊法では制約が多すぎ、自衛隊が有事に対応できる行動が取れません。やはりここは憲法を改正し、自衛隊をはっきり国軍に昇格させるべきでしょう。

じつは日本人の過半数が支持する憲法改正

幸いなことに、平和ボケ日本人も少しずつ目が覚め始めたといったらいいのでしょうか、ひと昔前に比べると改憲アレルギーはだいぶ薄まってきたように見えます。

２０２２年5月に読売新聞が行ったアンケート（郵送式）によると、憲法改正に「賛成」と答えた人が60％で、２０１７年の調査開始以来、最高を記録したそうです。これに対し、「反対」は38％にとどまりました。ちなみに２０２１年の調査では「賛成」が56％で、やはり「賛成」が過半数を占めています。おそらく２０２３年度に同じアンケートを行えば、「賛成」が70％に迫るのは必至と思われます。

以上は保守系といわれる読売新聞の調査ですが、左派といわれる毎日新聞が社会調査研究センターと共同で２０２２年4月に行った調査でも、「賛成」44％、「反対」31％で、やはり「賛成」が上回る結果となっています。

この流れに危機感を覚えているのが日本の自衛強化を何より忌み、日本国憲法を聖典のごとく神棚に掲げて国民を洗脳してきた日本の左翼勢力です。

日本共産党の志位和夫委員長などは自身のツイッターで「仮にプーチン氏のようなリーダーが選ばれても、他国への侵略ができないようにするための条項が、憲法9条なのです」などと頓珍漢なことを主張している。いうまでもなくプーチンは独裁者です。独裁者にとって憲法は人民を縛るものであって、己を縛るものではないのは明白です。憲法など自分の都合でいかようにも変えてしまうのが独裁者ではないですか。

矛盾だらけの日本共産党の「憲法第9条」理論

そもそも志位委員長のこのツイートは微妙に論理のすり替えがあります。それまでの彼らの主張は「日本には第9条があるから他国から攻められない」であったはずです。そのとおりであるなら、「隣国にプーチン氏のようなリーダーが現れても、侵略されないための条項が、憲法9条なのです」でなくてはいけません。つまり、他国からのいかなる侵略も第9条バリアが弾き返してくれる。ウクライナがロシアの侵攻を許したのは第9条を持たないからだという理屈になります。

さすがにこれはあまりにも非科学的で、現在進行形でロシアの砲撃を浴びているウクライナに対して無責任かつ失礼な論であると理解していたのでしょう。だからこそ、苦しまぎれにあのようなツイートをして第9条信者としての体面を保とうとするしかなかったのです。

そんな志位委員長でさえ、「日本有事の際には自衛隊を活用する」といっています。つまり、あれほど日本の再軍備に反対していた日本共産党といえども、自衛のための戦力保有を否定できないほどに日本をとりまく状況が逼迫(ひっぱく)しているという認識はあるのでしょう。

さらに志位委員長は、もし日本共産党が政権を取ったら自衛隊を段階的に解消していくという発言もしています。自分たちを否定する政府の命令で死地に向かえというのでは、あまりにも自衛隊が不憫ではありませんか。それとも彼らは自衛隊を解体し、人民解放軍に編入させるとでもいうのでしょうか。世界中、どの社会主義国家も強力な軍隊を持っています。しかし、それはあくまで党の軍隊です。したがって党を守るためなら人民にも容赦なく銃口を向けます。中国の天安門事件がその好例でしょう。そんなことを日本で起こさせてはなりません。日本共産党の政権奪取などあってはならないのです。

プーチン発言で極端に低下した「核のハードル」

そして日本がロシア・ウクライナ戦争で面前に突きつけられた安全保障上のリアル、その最大のものは核の脅威です。プーチンはこの戦争（彼らの言葉では特別軍事行動）の初期から再三、核兵器の使用の可能性をほのめかしてきました。

戦争当事国の大統領が堂々と発言したわけですから、これは北朝鮮がプロパガンダ放送で「ソウルの街を火の海にする」などとイキがるのとはまったくレベルが違う発言です。当然ながらプーチンの核発言はウクライナだけでなく、周辺諸国、ＮＡＴＯ（北大西洋条約機構）、それにアメリカを念頭に置いたものであるのはたしかです。

　ここでいう核は一発で相手国を壊滅に追いやる威力を持つ戦略核ではなく、威力も破壊規模も限定的な戦術核を指すと思われます。とはいえ、戦術核といわれるものにも大小があって、その爆発威力はＴＮＴ（トリニトロトルエン）火薬に換算にすると50～60トンクラス。広島型原爆が15トンですから、その破壊力のすさまじさは容易に想像できます。一瞬のうちに小さな都市など吹き飛び、ビルディングといわずハイウェイといわず、高熱によって溶解してしまうとでしょう。これを短中距離ミサイルの弾頭に用いたり、潜水艦や戦略爆撃機に搭載して目標に撃ち込んだりするのです。

　核攻撃の恐ろしさは破壊力もさることながら、核による報復を生み、それがほかの核保有国に波及し、連鎖する可能性があることです。これまで映画、小説などさまざまなフィクションで描かれてきた人類最大の恐怖・核戦争の悪夢です。そうなれば地球上から人類は消滅してしまいかねません。

　だからこそ、核兵器は最終兵器と呼ばれ、世界の為政者の誰が最初に核のボタンに指をかけるのか、かけさせまいという、ある種の相互監視が働いていました。20世紀の冷戦は、その微妙な均衡のうえに成り立っていたといっていいでしょう。核は使うことができない兵器であり、それゆえ最大の抑止力という、ある種のパラドックスが成立していたのです。

「唯一の被爆国」を謳い、世界で最も核兵器に対する潜在的恐怖心、警戒心が強い日本も、アメリカの核の傘に守られているという自覚はつねにありました。また、核の傘（の幻想）がある程度の抑止力として働いていたのも事実です。

しかし、プーチンの一連の核発言でその均衡は大きく揺らぎを見せました。核使用のハードルは一気に低くなったといっていいでしょう。しかもロシア・ウクライナ戦争でのアメリカの出方を見ても、核の傘をどこまであてにしていいのだろうかという疑心が日本人に芽生え始めています。

岸田総理は日米のさらなる同盟強化を主張し、アメリカもいちおうはこれを歓迎しています。しかし、日本人自身が国を守るという強い意思と行動を示したうえでこその同盟です。

中国、北朝鮮、それにロシアと、敵対的な態度を取る核保有国に囲まれているなか、中国は日本の当面の脅威といえます。核に対する最大の抑止力が核である以上、日本も真剣に核保有について議論し、その道筋をつくっていかなくてはいけません。

本書は日本をとりまく安全保障上の世界情勢を分析しながら、日本の核武装についても語る本でもあります。日本の核武装への可能性、あるいはそれを阻む要因までも含めて論じていきたいと思っています。

世界最大の核保有国としてのロシア

さて、本題に入る前に、これまであまり語られてこなかった視点からロシア・ウクライナ戦争を振り返ってみたいと思います。日本の安全保障にも関連する問題だと思いますので、しばしの回り道をお許しください。

さて、読者のみなさんは世界最大の核保有国はどこだと思いますか。おそらく多くの人がアメリカと答えるでしょう。じつはアメリカが保有する核弾頭は推定で6185発、ロシアが6500発で、ロシアがアメリカを抑えて堂々の第1位となっています。

このうちアメリカが保有するICBM（InterContinental Ballistic Missile＝大陸間弾道ミサイル）が550発、SLBM（Submarine Launched Ballistic Missile＝潜水艦発射弾道ミサイル）が1152発。ロシアはICBMが1355発、SLBMが576発です。アメリカとロシアではICBMとSLBMの比率がきれいに逆転しているのがわかります。

これは、そのまま両者の核戦略の違いといってもいいですが、ロシアの原子力潜水艦技術がアメリカのそれに比してレベルが一段下がることを意味します。地上、あるいは地下基地に配備されるICBMに対し、SLBMは常時海中を移動する原子力潜水艦に搭載されるため、偵察衛星の目に知られることなく敵の領海近くまで接近し、目標に向けて発射することができるという利点があります。しかし、エンジン音などのノイズが大きければ偵察衛星以前に敵艦に居場所を察知されることは容易です。ロシアは原潜のノイズキャンセル技術がまだまだ未熟といえるのです。しかし、それもいつかは克服してしまうでしょう。SLBMを搭載したロシアの潜水艦が世界中の海底に暗躍する。それは遠い未来の話ではありません。

核弾頭保有数の第3位はフランスで計300発、第4位は中国で計290発、第5位はイギリスで計200発となっています。これに第6位のパキスタン（計150発）、第7位のインド（計140発）と続きます。

核兵器は1発で相手国に致命的な破壊を加えることが可能なので、保有数の多少が脅威の大小に必ずしも比例するわけではありませんが、保有数の多さは国際社会に対するインパクトという意味では大いに効果があるわけです。言葉を換えれば、核を1発しか持っていない国も100発保有する国と対峙（たいじ）することは可能ですが、0発の国は1発保有の国の前ではまったくの無力ということになります。核は核でしか抑止できないという言葉の真意は、そこにあるわけです。

いま挙げた7カ国にイスラエルと北朝鮮を加えた9カ国が核保有国ということになります。イスラエルは核を保有していることを明確に宣言していませんが、現状では80～90発保有しているのではないかといわれています。北朝鮮も20〜30発をすでに保有していると見ていいでしょう。

世界第3位の核保有国だったウクライナ

じつは一時的ではありますが、この9カ国以外に「核保有国」が複数存在していたのをご存じでしょうか。

カザフスタン、ベラルーシ、そしてウクライナの3国です。この3国はソ連の構成国で、1991年12月のソ連邦崩壊後に独立国となりました。この3国にはソ連の核兵器が配備されていたままだったのです。なかでもウクライナには計1240発の核弾頭と176基のICBMが配備されており、数のうえではフランスの300発を軽く超え、ロシア、アメリカに次ぐ第3位の核大国だったのです。

ソ連崩壊後、ロシア共和国が後継国家として正式に承認されましたが、いま述べた3国に残した核弾頭の扱いをどうするかという課題は残りました。そこで1992年5月にロシアと該当3国、それにアメリカを加えた5カ国による「リスボン議定書」が調印され、3国は核兵器を放棄し、それらの核弾頭はロシアの管理下に置かれることになったのです。

この議定書に安全保障上の問題を盾に最後まで難色を示したのはウクライナでした。結局、ウクライナはアメリカとロシアからの軍事援助、金融支援と金融補償の約束と引き換えに、1996年にすべての核兵器をロシアに引き渡すことに同意したのです。当時、ウクライナはハイパーインフレに苦しんでおり、アメリカの経済制裁までちらつかせた核放棄の圧力に屈したというのが実情でした。

果たしてウクライナの危惧は現実のものとなりました。いうまでもなく今回のロシアの侵攻です。もしウクライナが核を放棄していなかったら、ロシアにクリミアを奪われることもなく、結果的に今回の侵攻も許していなかっただろうという声は根強く、「核に対する抑止力は核しかない」ということを、あらためて世界は認識したのです。

なぜ、ウクライナは空母を売却したのか

また、ウクライナは核放棄にやや遅れて大幅な軍縮も行っています。

経済危機によってソ連から受け継いだ強大な軍隊を維持するだけの余力がなかったことに加え、2000年に軍によるミサイル演習で民間のマンションを誤爆するという事故があり、さらに2001年のミサイル演習ではロシアの航空機を墜落させるという不祥事を起こし、幸い

死者こそ出ませんでしたが、これをきっかけに国民のあいだに反軍感情が蔓延（まんえん）してしまったのです。

ウクライナは保有するTu-95、Tu-160の2種の戦略爆撃機計44機、さらにTu-22とTu-22Mの2種の中距離爆撃機の計66機のすべてをロシアに売却してしまいました。これによってウクライナは敵地の軍事施設などを空爆によって殲滅（せんめつ）する能力を完全に失ったことになります。これらを保持していただけでも、かなりの抑止力になったはずです。

ウクライナは海軍力に関しても無頓着でした。ソ連崩壊時、黒海（こっかい）に展開する黒海艦隊525隻をロシアと二分することになったのですが、ロシアの巧妙な工作もあって、結果的にロシアは388隻、ウクライナは137隻となりました。しかもウクライナに譲渡された軍艦のうち即実戦に投入できるのは32隻。ほか100隻は博物館クラスの老朽艦で、売却かスクラップの運命にあったのです。

今回の戦争では当初、日本の保守層でもウクライナ派とロシア擁護派に分かれていたようですが、ロシアに肩入れする人のなかには、ウクライナは中国に空母を売却した過去があり、日本に仇（あだ）なす行為であると、これを非難する人もいます。

ひとつウクライナを擁護するなら、売却したのは空母アドミラル・クズネツォフの姉妹艦で未完成状態にあったヴァリャーグという船でした。アドミラル・クズネツォフ自体が故障続きの欠陥品として知られており、ヴァリャーグの性能も推して知るべしでした。つまりは無用の長物であったといえます。しかも中国はヴァリャーグを海上カジノに改造し、軍事的使用はしないという約束でウクライナからスクラップ価格で購入したのです。

もっとも、そんな約束はどこ吹く風、中国は数年かけてヴァリャーグを改造し、空母・遼寧（りょうねい）として進水させたというのが真相です。ウクライナは中国に騙（だま）された格好といえなくもないでしょう。

それはともかく、母体が母体ですから、遼寧の戦闘力や機動性に関しては疑問視する専門家の声も多いのです。少なくともアメリカ海空軍の敵ではないというのが軍事ジャーナリストの共通の意見でした。

「軍拡が戦争を招く」のウソ

一般に軍縮は紛争回避と平和維持のためには有益なことだといわれてきました。ただ、それは当事国同士が同時に同程度の割合で軍縮した場合でのみ可能な話で、一方が極端な軍縮に走れば力の均等が崩れ、むしろ緊張を呼び込む結果になります。

これと同じように、軍拡は国家間の緊張を拡大し、紛争を誘発しやすくなるという「俗説」

もありますが、それは本当でしょうか。

ソ連邦崩壊の最大の要因はアメリカとの軍拡競争での敗北です。冷戦時代を象徴する米ソ軍拡競争は1980年代にピークを迎えました。そんな折、アメリカのロナルド・レーガン大統領は「スターウォーズ計画」なるものをぶち上げました。これは衛星軌道上にミサイル衛星、レーザー衛星、早期警戒衛星を配備し、敵国（いうまでもなくソ連を想定します）が発射したICBMを迎撃するシステムの開発の通称です。正式名称はSDI（Strategic Defense Initiative＝戦略防衛構想）といいます。軍拡はついに宇宙空間にまで舞台を広げたのです。レーガンは「SDIシステムは核兵器を時代遅れのものにする」と息巻いて見せました。

むろん、この計画の実現には膨大な予算と時間、各種最先端技術が必要となります。この超スケールのアメリカの挑発に対し、すでに財政が破綻寸前のソ連は悲鳴を上げ、軍拡競争から降りるとともに、歴史的な米ソ首脳会談を経てペレストロイカ（改革開放）へと向かうのでした。その先がソ連邦崩壊であるのはいうまでもありません。

ついにアメリカは宿敵・ソ連と一度も矛を直接交えることなく冷戦を終結させたのです。国家間の争いを武力を使わないで終わらせることを平和的解決というなら、軍拡もまた平和的解決の手段になりうるというのが、この事例でもおわかりになることでしょう。必ずしも軍縮は善、軍拡は悪ではないということです。

刻々と変わる国際情勢においては、かつて頑(かたく)なに信じられていた常識が引っくり返るなどということは往々にして起こるものと思ってください。

ウクライナがロシアに五分以上の戦いを見せる理由

総合的な兵器力ではウクライナを圧倒するロシアが今回の戦争で苦戦を強いられている理由のひとつに、技術の低さが挙げられると思います。いまいったようにロシアがかつて誇った空母アドミラル・クズネツォフは欠陥品であり、彼らがその欠陥部分を改修、克服したという話も聞いていません。そもそもソ連時代、空母はウクライナで建造されていました。ソ連崩壊で空母建造に関するテクノロジーはすっかりウクライナに置いてきたことになります。おそらくロシアの空母建造技術はアドミラル・クズネツォフ時代で止まっているか、退化していると見ていいでしょう。

航空機も同様で、ロシアの戦略爆撃機 Tu-95 シリーズの母機は第2次世界大戦で使われたアメリカのB－29のデッドコピー（不正な複製品）です。1976年9月に当時、ソ連の最新鋭戦闘機といわれた MiG-25 が突然、日本の領海を侵犯し、北海道の函館(はこだて)空港に強行着陸するという事件がありました。乗っていたヴィクトル・ベレンコ中尉はアメリカへの亡命を希望しており、パイロットともどもMiG-25もアメリカに引き渡され、徹底的な調査が行われていましたが、機体内部に真空管が使われていたことがわかり、専門家を拍子抜けさせたものです。当時、日本でも真空管テレビなどは骨董品の扱いでしたから。ソ連の軍事テクノロジーは西側のおよそ20年遅れというのが大方の見方でした。

ウクライナも兵器はあらかたソ連＝ロシア製とその改良型で、しかも前述した軍縮によって防衛力は脆弱でしたが、アメリカをはじめとした西側の武器支援によって最新鋭のハイテク武器が導入され、ロシアに対して五分以上の戦いを展開できたのです。その代表格ともいえる兵器はアメリカ製の肩撃ち式対戦車ミサイル「ジャベリン」でした。ロシアの旧式の戦車はことごとくこのジャベリンの餌食になり、炎上して果てたのです。

それから、デンマークから供与されたのはアメリカ製の地上発射型対艦ミサイル「ハープーン」。対艦ミサイルとしては兵器市場でフランス製のエグゾセと人気を二分するといわれていますが、威力はそれ以上と見られています。一発で敵艦を撃沈することは難しいですが、ミッションキル（行動不能）する能力は十分にあります。

ウクライナ自身もクリミア併合以後、その反省から独自の兵器開発に力を入れてきました。ソ連製Kh-35対艦ミサイルを改良した対艦巡航ミサイル「ネプチューン」はロシアの黒海艦隊の旗艦「モスクワ」を撃沈したことで一躍その名を世界にとどろかせました。Kh-35の射程を伸ばし、ハイテク機器を大幅に改善することによって飛躍的な的中率を可能にしたのです。

西側の武器供与に見る「戦争のリアリズム」

そして、何より今回の戦争で注目を浴びたのは各種ドローンでした。

ドローンが最初に戦場に投入されたのはアフガニスタン戦争（2001〜2021年）だといいますから、そう古い話ではありません。このとき、米軍はオサマ・ビンラディン暗殺にドローンを用いることも検討していたとあります。ドローン「プレデター」に搭載した小型ミサイルを撃ち込み、ビンラディンのアジトごとこれを破壊してしまおうというものです（実際は銃器による殺害）。以来、アメリカはドローン兵器の開発に注力し、2011年時点で1万1000機を保有していたといいます。

アメリカは今回の戦争でウクライナにアエロ・ヴァイロメント社製の自爆型軍用ドローン「スイッチブレード」「ピューマ」などを供与しています。同機は侵攻しようとするロシアの装甲車を水際で足止めするという「武功」を挙げています（＊）。

しかし、なんといっても主力となりそうなのはリトアニアから供与されたトルコ・バイカル社製の軍用ドローン「バイラクタルＴＢ２」です。スペックは全長6・5メートル、翼の幅は

12メートル。約27時間、半径300キロメートル圏内を飛行可能で、レーザー誘導爆弾を搭載しているというすぐれもの。ロシアの対空兵器や補助部隊をピンポイントで無力化しています。リトアニアではウクライナ支援のために「バイラクタルTB2」1機をプレゼントしようという募金活動が民間で起きました。これを知ったバイカル社は無料で1機をリトアニアに納品することを決定しています。

募金で集められた「バイラクタルTB2」代金はウクライナの戦後復興に使われるそうです。2022年6月4日時点でウクライナは同社に36機を別途発注しています。今後、さらに追加発注があるかもしれません。

ウクライナの国産ドローンも負けてはいません。UAダイナミック社が開発した「パニッシャー」という攻撃用ドローンは飛距離など「バイラクタルTB2」に遠くおよびませんが、探知能力にすぐれ、夜闇にまぎれて多くのロシアの戦車を殲滅しています。何より「バイラクタルTB2」1機分（約7億円）の100分の1のコストで生産できるのが強みです。

また、民間から供与された商用ドローンは物資運搬や偵察で大活躍しています。むろん自爆型に改造することも可能です。これらは1機7万〜15万円程度なので、「パニッシャー」よりさらにコンビニエントといえます。

ロシアもドローンを保有していますが、その使い方に関してはウクライナのほうが一枚も二枚も上手（うわて）のようです。ウクライナは西側各国の支援もあってか、最新テクノロジーに適したオペレーション活動を展開して味方の損耗を最小限に抑えることに成功しているのに対し、火力では圧倒的に優位に立ちながら、冷戦時代の戦争のやり方からいまだ抜け切れていないロシアが明暗を分けた。そのような印象を受けるのです。

どちらにしろ、ドローンやジャベリング、あるいはロボット兵器やレーザー兵器がこれまでの戦争のスタイルを一変させてしまうことでしょう。

もちろん、西側諸国が正義感や義侠心（ぎきょうしん）だけでウクライナに武器を供与しているのではありません。イラク戦争でアメリカ製のデイジーカッターやバンカーバスター（地中貫通爆弾）の破壊力が世界に知られるようになったように、戦場というのは兵器の見本市という側面もあるのです。

たとえとして適切かどうかはわかりませんが、スポーツ選手のスポンサード契約のようなものと思ってください。ミズノやアシックスといったスポーツ用品メーカーが契約した選手に自社製のラケットやスニーカーを使ってもらうというものです。選手の活躍いかんによってはその宣伝効果は計り知れないものがあるわけです。

これと同じで、世界の兵器メーカーにとって戦争はこれ以上ない自社製品の宣伝の場といえます。しかも在庫処理ができるわけですから一石二鳥です。兵器産業はアメリカの基幹産業のひとつでもありますから、戦争が長引いてくれることは一面でとてもありがたいことなのです。この戦争でアメリカ製の兵器の需要はますます伸びることでしょう。供与といっても、しっかり元手以上のものを得ているわけです。これもまた戦争というもののリアリズムといえます。

＊但馬オサム注＝2022年11月には、アメリカがさらに自爆型ドローン「フェニックス・ゴールド」を供与している。

第2章

世界は「日本の核保有」を恐れている

すでに前提が崩れている「非核三原則」

繰り返しになります。ロシア・ウクライナ戦争自体は大変不幸な事態としかいいようがありませんが、日本人に核武装のリアリティを認識させる好機となったのは疑いようもない事実です。核を放棄したウクライナが核大国のロシアの侵攻を許したその事実は、あまりにも重いといえます。

ほんのひと昔前まで、この国では核武装を論じることはおろか、想像することさえタブーとする空気に満ちていました。いわゆる非核三原則＝「つくらない」「持たない」「持ち込ませない」は、これに「語らない」「考えない」を加えた実質「五原則」ではないかといった政治家がいましたが、言い得て妙だと思います。憲法に関しても同じです。憲法改正などと口に出すのはもってのほか、考えるのもおぞましいという空気が長いあいだドグマとなって国民大衆を支配してきました。

そもそも非核三原則は理念というか一種のスローガンにすぎず、なんの法的拘束力もなく、ましてや国際公約でもないのです。「一日一善」などとあまり変わらないのです。ただのスローガンに、なぜいつまでも縛られ続けなくてはいけないのか、いま一度、冷静になって考えるべきです。

１９７０年代にアメリカの元海軍のパイロットが横須賀の米海軍基地で核ミサイルを見たと証言して日本中が大騒ぎになり、政府も対応に苦慮したということがありました。

１９８１年に長らく駐日大使を務め、知日派として知られるエドウィン・オールドファザー・ライシャワーが古森義久（当時は毎日新聞所属）によるインタビューに答え、「アメリカ海軍の艦船が核を搭載したまま日本の基地に寄港している」と堂々と発言し、パイロットの証言が事実であることが明らかになりました。しかもライシャワーの発言には「日米間の了解のもとで」とあり、米軍の核持ち込みに関しては日米間の密約があったことが明言されたのです。

日本への最初の核持ち込みは朝鮮戦争のときであり、以後、現在までそれは続いていると見ていいでしょう。これに関しては今世紀に入っての日米の公文書公開によって、岸信介から始まって小渕恵三にいたるまでの日本の歴代の総理大臣、それに外務大臣は密約を承知していたということが明らかになっています。

当然のことながら、それ以後の森喜朗から現職の岸田文雄総理も密約のすべてを知っているわけです。このなかには自社さ連立で棚ぼた的に総理の座を得た日本社会党（現・社会民主党）所属の村山富市も含まれます。彼は総理になって初の所信表明演説で自衛隊容認、日米安保堅持を示し、それまでの社会党の政策を大転換しました。核密約を含め、安全保障に関するプロトコルをアメリカから突きつけられたのでしょう。逆にいえば、アメリカに盾ついては日本の総理大臣は務まらないということでもあります。悲しいことですが、これが敗戦国・日本が置かれた現状なのです。

以上のお話でもわかるとおり、非核三原則のひとつの柱「持ち込ませない」は最初からかたちだけのものだったということになります。となれば、あとの二つに関してもお題目だけのものといってなんの差し支えもないといえますまいか。いつまでこの形骸化した三原則に縛られなくてはいけないのかという話です。

「首が飛ぶときにヒゲの心配をしてどうする」

世界中、どの国でも規定している有事法制さえ、どうにかかたちが整ったのが2004年、反撃能力の保持をようやく明記できたのが2022年というのが、この国の安全保障の悲しい現状です。

有事法制とは、いうまでもなくほかの国から攻め込まれたりしたときなど安全保障上の非常事態のための特別な法体系のこと。有事の際に自衛隊の出動を命じるのは内閣総理大臣であるという規則はその前からあるわけですが、攻撃を受けたとき、どんな場合に、どの機関が対応を決めるのかというルールづくりは長いあいだ、されてこなかったわけです。そこで総理大臣をトップにした「対策本部」をつくることになり、この対策本部がすべての決定権を握ることとしました。

また、一例を挙げるなら、現在の法律では自衛隊の特殊車両はいちいち赤信号で停車しなくてはいけません。それでは緊急事態に対応できませんから、自衛隊の活動を円滑に進めるため、一時的に法律に制限をかける必要が出てくるわけです。当然ながら、個人の権利もある程度、制限されることになります。簡単にいえば、個人の土地を自衛隊が使用できるのです。

しかし、世界レベルから見れば当たり前ともいえるこの法律に関しても、いまだに野党の一部やマスコミには「戦争法案」であるとか、「自衛隊の暴走を招く」などといって反対する声があります。彼らはなかば確信犯的に反対しているだけですが、なかには朝日新聞のように「(有事法制下では)ある日突然、自衛隊があなたの家にやってきて、おじいさんが大切に育てた柿の木を切り倒すような事態もありうる」などと冗談とも妄想ともつかぬことをいって反有事法制キャンペーンを張ったメディアもありました。

黒澤明映画の名作『七人の侍』に出てきた村の長老のセリフで、「首が飛ぶときにヒゲの心配をしてどうする」というのがありますが、朝日新聞の論調はまさにこれで、「ヒゲの心配」を煽り、「首が飛ぶ」状況を国民の目から逸らすことを目的としているかのようです。

「正論」を述べて更迭された統合幕僚長

それればかりか、過去には有事法制の必要性について語った自衛隊トップが解任されることさえあったのです。

1978年7月に、時の統合幕僚長・栗栖弘臣が週刊誌の取材に答え、「現行の自衛隊法では敵の奇襲攻撃を受けた場合、総理大臣の防衛出動を待つしかない。それでは有事に対応できない。自衛隊は超法規的行動に出るしかない」という趣旨の発言をしたことが文民統制の前提を揺るがしかねないものとして政治問題化されたのです。

いわゆる文民統制（シビリアン・コントロール）とは、軍隊は文民の統制下にあるという考え方で、軍隊の暴走、あるいは軍隊の政治への介入を防ぐための基本理念です。日本の場合、自衛隊の最高指揮官は内閣総理大臣となります。世界の多くの国が文民統制を敷いていますが、日本とほかの国では「文民統制」の言葉のニュアンスが大きく異なるようです。

最後の責任は政府が取るから現場のことは軍に任せるというのが世界のスタンダードな文民統制の考え方ですが、それに対し、自衛隊の行動の一つひとつを政府が統制し、現場は政府にお伺いを立てながら行動するというのが日本で一般的に考えられる文民統制なのです。

もう少しくわしくいえば、世界各国の軍隊の行動はネガティブ・リストによって規制されますが、日本の自衛隊はポジティブ・リストで動くということです。negative、すなわち「やってはいけないこと」をあらかじめ規定し、それ以外は現場の判断で行っていいというのが世界の軍隊。日本の自衛隊はpositive、「やっていいこと」を細かく規定しておくというやり方。

どちらが動きやすいかといえば、いうまでもなくネガティブ・リスト方式です。これは、いってみれば政府（文民）が軍隊にある程度「よきにはからえ」と認めているということです。政府と軍隊のあいだに強い信頼関係がなければ成立しません。

ところが日本では「軍隊は放っておけば暴走するもの」という戦後教育による歪（ゆが）んだ軍隊観に長く支配されていましたから、自衛隊に対する規制はきわめて細かいものとなっています。先ほど触れた、特殊車両が赤信号で止まらなければいけないというのはまさにいい例だといえます。「有事の際には信号を無視しても〝いい〟」がポジティブ・リストにはないのです。ポジティブ・リスト方式がいかに現場で活動する自衛隊の手足を縛るものかがおわかりになるかと思います。場合によっては自衛官の生命を著しく危険にさらすことにもなりかねないのです。

また、同盟国からの要請で海外での給油活動などポジティブ・リストにない任務を行う場合、いちいち新しく法律をつくらなければいけません。しかも野党やマスコミの妨害を受けながらです。

保守とはいえない「自民党右派」の正体

栗栖統合幕僚長はこれらのことを踏まえながら、現行の法律では有事の際に自衛隊は超法規的行動に出なくては国土を防衛できないと発言したまでです。しかし、マスコミはここでいう「超法規的行動」を「軍隊の独走（暴走）」と（ある意味、意図的に）曲解したようでした。しかし、統合幕僚長の真意は有事の際の特別な法整備、つまりは有事法制（当時は有事立法といった）の必要性を説くことでした。

ところが、いまも述べたとおり、これが左傾マスコミの餌食になったのです。日本共産党や社会党も当然ながら大騒ぎしました。これに抗し切れず、時の防衛庁長官・金丸信（かねまるしん）は栗栖統合幕僚長を解任してしまったのです。

金丸といえば、自他ともに認める右翼政治家です。裏社会にも顔のきく強面（こわもて）の、いわば自民党右派を象徴するような人物でした。当然、栗栖の主張は理解しているはずですが、結局は世論には迎合せずにはいられなかった。票を失いたくないからです。のちに金丸は社会党の田辺（たなべ）誠（まこと）におだてられ、団長として北朝鮮を訪問し、そのときに金日成（キムイルソン）とさまざまな密約をしてきたともいわれています。右翼といっても、その正体は利権屋であり、残念ながら、これもまた自民党右派を象徴するような人物といえました。本当の意味の国士と呼べる右翼は、もはやこの国では死に絶えたといえるのかもしれません。

それはともかく、栗栖の勇気ある発言は安全保障議論に一石を投じることになったのは事実でした。栗栖発言から25年後の2003年に栗栖の思いがようやくかなったか、有事関連法（武力攻撃事態対処関連3法）が議会で可決成立しました。その3法とは「安全保障会議設置法一部改正法」「武力攻撃事態等における我が国の平和と独立並びに国及び国民の安全の確保に関する法律（武力攻撃事態対処法）」「自衛隊法及び防衛庁の職員の給与等に関する法律一部改正法」の三つです。

次いで翌2004年に有事関連7法案が可決します。その内訳は「武力攻撃事態等における国民の保護のための措置に関する法律（国民保護法）」「武力攻撃事態等におけるアメリカ合衆国の軍隊の行動に伴い我が国が実施する措置に関する法律（米軍行動関連措置法）」「武力攻撃事態等における特定公共施設等の利用に関する法律（特定公共施設利用法）」「国際人道法の重大な違反行為の処罰に関する法律（国際人道法違反処罰法）」「武力攻撃事態における外国軍用品等の海上輸送の規制に関する法律（海上輸送規制法）」「武力攻撃事態における捕虜等の取扱いに関する法律（捕虜取扱い法）」「自衛隊法の一部を改正する法律（自衛隊法一部改正法）」。

そして同年、この有事関連法の成立を待っていたかのように、栗栖弘臣元統合幕僚長が鬼籍に入られるのでした。享年84。

日本の核保有を予言したヘンリー・キッシンジャー

ここまで述べてきたとおり、少なくとも2000年代初頭まで国民の安全保障への関心はじつにお寒いものといえました。2006年に憲法改正を公約とした安倍内閣が誕生したものの、改憲論議は遅々として進まなかったというのが現実です。当然ながら、核保有論など依然として口にするのもタブーという空気が支配的でした。

そんななか、時をほぼ同じくして、二人の著名な外国人が日本の核武装について大胆かつ興味深い発言を残しています。

ひとりはリチャード・ニクソン、ジェラルド・ルドルフ・フォード政権時代の大統領補佐官、国務長官として日本にも大きな影響力を持った国際政治学者のヘンリー・キッシンジャー。

2007年1月にオンエア（収録は2006年12月）された『日高義樹（ひだかよしき）のワシントン・リポート』（テレビ東京）という番組でのことです。ちなみに日高義樹はアメリカを代表するシンクタンク、ハドソン研究所の客員上級研究員。日高がホストを務める『ワシントン・リポート』は主に共和党の議員やアメリカの保守系論客をゲストに呼んでのインタビュー番組でした。

冒頭、日高が北朝鮮の核開発問題や中国のＩＣＢＭの大量保有の問題に触れ、日本の取るべき対応について問うと、キッシンジャーは、「それはまず何より日本人が判断すべき問題だ」としながら、こう答えたのです。

「これから当分のあいだはアメリカが日本を守るだろう。だが、いかに友好国、同盟国といえども、他国に安全を頼り切ってしまうことはありえない。日本はこれから軍事力を増強すると思う。10年のあいだに日本は軍事大国になるだろう」

そして「あくまで個人的見解」として、こうも語っています。

「すでに日本は核兵器の開発に取りかかっているだろうと考えている。実際にいつ核兵器をつくり、保有国になるかどうかは核拡散防止法のからみがあるが……。だが、日本が核装備の選択をしないとは考えられない。慎重に準備を始めるだろう」

キッシンジャーといえば共和党、いや、アメリカの政界きっての親中派であり、中国共産党とも太いパイプを持っている人物で、日本に対してはどちらかといえばつねに強硬な姿勢で知られており、1972年に時の田中角栄（たなかかくえい）総理がアメリカの頭越しに訪中し、日中国交を樹立した際には「ジャップにしてやられた！」と吐き捨てて怒りを露（あら）わにしたという逸話は有名です。

また、1971年の周恩来（しゅうおんらい）首相との会談では「日米安保はむしろ日本の軍国主義回帰を抑えるためのものでもある」と語っています。

そのキッシンジャーが日本の軍事大国化、ひいては核武装をなかば容認するかのような発言をしたことは注目に値するといっていいでしょう。むろん、その言葉の端々に「もうアメリカは他国の戦争に介入する余裕はない。アジアの紛争はアジアでどうにかしてほしい」というメッセージが読み取れます。

それはともかく、このキッシンジャー発言から16年がたちました。日本は軍事大国化どころか、ようやく防衛費GDP（国内総生産）比2％をアメリカに約束したにすぎませんが。

エマニュエル・トッドの「核武装のすすめ」

さて、日本の核武装について言及したもうひとりの外国人論客は、フランスのジャーナリストで人類学者、歴史学者であるエマニュエル・トッドです。トッドは統計学の立場からソ連邦崩壊、ブレグジット（イギリスのEU〔欧州連合〕離脱）などの予言を的中させたことでも知られ、現代フランス最大の知性とも呼ばれています。また、2016年のアメリカ大統領選でヒラリー・クリントンの圧倒的有利が叫ばれるなか、ごく初期の段階からドナルド・トランプ政権誕生を予測し、これも見事に的中させました。

トッドは2006年10月30日付の朝日新聞の紙上で同紙論説主幹の若宮啓文（わかみやよしぶみ）のインタビュー

に応じ、

〈核兵器は偏在こそが怖い。広島、長崎の悲劇は米国だけが核を持っていたからで、米ソ冷戦期には使われなかった。インドとパキスタンは双方が核を持った時に和平のテーブルについた。中東が不安定なのはイスラエルだけに核があるからで、東アジアも中国だけでは安定しない。日本も持てばいい〉

〈核兵器は安全のための避難所。核を持てば軍事同盟から解放され、戦争に巻き込まれる恐れはなくなる〉

という持論を展開しています。これがあの朝日新聞に掲載されたということだけでも驚かれる読者も多いかと思います。インタビュアーの若宮は2005年3月27日付の担当コラム「風考計」で、竹島（たけしま）を韓国に譲って「友情島」と名づけようという趣旨のことを書いた典型的な夢想的平和主義者でした。

「（日本は）唯一の被爆国」というお決まりのフレーズを持ち出し、トッドに意見の撤回と再考を促しますが、トッドは、

〈核攻撃を受けた国（日本＝引用者注）が核を保有すれば、核についての本格論議が始まる〉

といい、あくまで自説を通したのです。

そして自分の提言を〈ドゴール主義的な考えです〉ともいい切りました。ド・ゴール主義

（ゴーリズム）とは、その名のとおり、フランスのシャルル・ド・ゴール大統領が提唱した理念で、「西側諸国に身を置きつつも、アメリカと共同歩調を取らない立場」を堅持し、そのための自国兵器による核抑止力を持つという理念です。もっと簡単にいえば、アメリカを含むどの国の核の傘にも入らず、独自に核兵器を持つことを意味します。日ごろ、日米安保体制を「アメリカ追従」と批判している左傾メディアこそトッドのこの言葉を大いに傾聴すべきではないでしょうか。

トッドは若いころにフランス共産党に入党していたこともあり、論客としての立ち位置としては一貫して左派です。だからこそ朝日新聞もお呼びをかけたのでしょうが、彼らにとっては藪蛇(やぶへび)な人選だったかもしれません。空想的平和主義に甘んじる日本の左派に比べ、世界基準でいう左派というのはずっとリアリストです。つねに国際政治や軍事バランスというものを冷静な目で分析しています。

キッシンジャー、トッドの発言がともに2006年というのは、ある意味で興味深いものがあります。2006年といえば中川(なかがわ)発言があった年でもあります。

同年11月に中川昭一(しょういち)自民党政調会長がテレビ番組で、「最近の北朝鮮の核兵器実験の動向を受けて、非核三原則を見直すべきかどうか議論を尽くすべきだ」という趣旨の発言をしたのです。ひと昔前でしたら、これだけで辞任に追い込まれかねない発言だったでしょう。むろんマスコミや一部市民団体から非難の声が上がりましたが、そんな声もやがては遠くに消えました。

その要因のひとつは中川の発言にある北朝鮮の核実験です。同年10月に北朝鮮が初の地下核実験を成功させたと声明を発表しています。各国が測定した地震波からほぼ事実であることが確認されました。アジア最後の超独裁国家・朝鮮民主主義人民共和国が、ついに核保有国となったのです。日本の核脅威はより現実的なものとなったといっていい。２００６年はまさに日本の核意識の大きな転換点だったといえます。

黒船の到来が徳川３００年の太平の眠りを覚ましたごとく、金正日の危険な火遊びが平和ボケ日本に何かの意識変革をもたらしたというのなら不幸中の幸いといえまいか。

「アメリカは核拡散を促すような行動をしている」

その後もトッドは、あたかも日本にエールを送るかのように、たびたび核保有を促す発言をしています。

２０１８年5月に都内で開かれた保守系シンクタンク「国家基本問題研究所」（櫻井よしこ理事長）のシンポジウムで登壇し、

「フランス人にとって核兵器とは戦争の反対で、戦争を不可能にするものだ。核兵器はただ自国のためだけに使うもの。ドイツを守るためにフランスが核を使うことがないように、アメリカの核の傘など私にいわせればジョークにすぎない」

と語り、日本独自の核武装を提言しています。

「私はフランス人の左派かつ平和主義者であり、戦争は嫌いだ。しかし、私が日本の核武装について考えてほしいと提言するのは、別に強国になれということではなく、(国家間の)力の問題から解放されるからだ」

と、ここでもトッド式のド・ゴール主義を展開しています。

そして以下の発言はとても重要です。

「アメリカは奇妙な行動を取っている。イランという核兵器保有をあきらめた国との合意は離脱して、北朝鮮という核保有国とは交渉するのだ。北朝鮮が非核化を進めるというのはバカげた夢となった。アメリカとのあいだに問題を抱えている国々も核を手放すほうが危険だという教訓を得たことだろう。アメリカはいま、核拡散を促すような行動をしている」

少し説明が必要でしょう。イランは核兵器に転用可能なウラン濃縮を行っているということで長く欧米諸国の経済制裁にあっていました。アメリカのバラク・オバマ政権時代の2015年にイランと6カ国(米、英、仏、独、露、中)のあいだで「イラン核合意」が結ばれます。これはイランがウラン濃縮を削減し、IAEA(国際原子力機関)が確認したあと、見返りとして段階的に経済制裁を解除するというものでした。

しかし、オバマのあとを継いだトランプが2018年に突如、合意から抜けてしまうのです。理由は弾道ミサイルの開発規制が盛り込まれていないということでした。ある意味、言い出しっぺのアメリカが離脱してしまったことで、合意は事実上、休眠してしまったも同然となったのです。

その一方で、トランプは北朝鮮の金正恩（キムジョンウン）とは積極的に対話に応じていました。これは「北朝鮮のような最貧国でも、核さえ持てばアメリカと対等に交渉できるようになる」「イランのように核開発を途中でやめるのはバカを見ることだ」という誤ったメッセージを世界に向けて発信してしまったのと同じだとトッドはいっているのです。この論には大いに耳を貸すべきでしょう。ある意味、核保有というものの本質を突いているからです。

結果的にいって、北朝鮮は決して核を手放すことはなく、イランもまた核開発の再開を匂わせています。それればかりか今後、チャンスがあれば核開発に手を染めようとする途上国も当然出てくるでしょう。トッドがいう「アメリカはいま、核拡散を促すような行動をしている」とはこのことを意味しています。

「第3次世界大戦」はもう始まっている

『文藝春秋』２０２２年5月号は「緊急特集　ウクライナ戦争と核　日本核武装のすすめ」と題したトッドの談話記事を掲載しました。

トッドが日本のメディアに登場するのは久々であり、ロシア・ウクライナ戦争後はむろん初めてのこと。ちなみに彼は自国フランスではメディアが（今回の戦争について）冷静な議論を許さない状況にあるという理由で取材はすべて断っているそうです。トッドがロシア・ウクライナ戦争について見解を語るのも自国を含めてこれが最初で、日本のメディアは彼に選ばれたともいえるでしょう。

談話のなかでトッドは、アメリカはロシアを再び帝国化させないためにウクライナをロシアから引きはがす必要があり、ウクライナを「武装化」して「ＮＡＴＯの事実上の加盟国」とした。しかし、このアメリカの政策によってウクライナ問題はロシア・ウクライナのローカルな問題からグローバル化してしまった。すなわち、すでに紛争は世界戦争化しており、第3次世界大戦は始まったと見ていいといっています。以下は引用です。

米国の行動の〝危うさ〟は、日本にとって最大のリスクで、不必要な戦争に巻き込まれる恐れがあります（実際、ウクライナ危機では、日本の国益に反する対露制裁に巻き込まれています）。当面、日本の安全保障に日米同盟は不可欠だとしても、米国に頼りきってよいのか。米国の行動はどこまで信頼できるのか。こうした疑いを拭えない以上、日本は核を持つべきだと私は考えます。

日本は真の自立（自律）のために核武装すべきだというのは変わらぬトッドの提言ですが、この戦争により、その必要性は一段と高まったということでしょう。言い換えるなら自衛のための核武装です。核自衛といえば対中、対露、対北朝鮮をまず想起しますが、「同盟」という名の強制力からの自衛でもあるともいえます。日本の左派論客は、なぜトッドの主張にもっと耳を傾けないのでしょうか。

過去の歴史に範をとれば、日本の核保有は、鎖国によって「孤立・自律状態」にあった江戸（えど）時代に回帰するようなものです。その後の日本が攻撃的になったのは「孤立・自律状態」から抜け出し、欧米諸国を模倣して同盟関係や植民地獲得競争に参加したからです。

幕末日本が鎖国を解いたのは、そうせざるをえない当時の国際情勢があったからで、トッドの論はいささか乱暴とはいえますが、これはこれでおもしろい指摘です。

トッドは「核の傘」はむろんのこと、安倍元総理が提唱し、議論を呼んでいる「核シェアリング」についてもナンセンスと切り捨てています。

使用すれば自国も核攻撃を受けるリスクのある核兵器は、原理的に他国のためには使えないからです。中国や北朝鮮に米国本土を核攻撃できる能力があれば、米国が自国の核を使って日本を守ることは絶対にあり得ません。自国で核を保有するのか、しないのか。それ以外に選択肢はないのです。

そしてトッドは日本の対露戦略についても言及し、談話の最後をこう締めくくっています。

台頭する中国と均衡をとるためには、日本はロシアを必要とする、という地政学的条件に変わりはありません。ロシアの行動が「許せない」ものだとしても、米国を喜ばせるために多少の制裁は加えるにしても、ロシアと良好な関係を維持することは、あらゆる面で、日本の国益に適(かな)います。感情的にならざるを得ない状況のなかでも、決して見失ってはならないのは、「長期的に見て国益はどこにあるか」です。

これに関して私にはまったく異論はありません。日本にとって最大の脅威は中国です。その中国を牽制するためにもロシアの存在はますます重要になってきます。間違ってもロシアを中国に接近させてはならないのです。そのために日本はどういう戦略を取るべきか。この戦争がどういう結末にいたっても国益に沿って対応できるように、いまからシミュレーションしておくべきだと思います。

亡くなった安倍元総理はプーチンと長いあいだ北方領土交渉をしてきました。結局、騙されただけで一島も返ってこなかったじゃないかと嗤う人もいる。しかし、考えてみれば、ソ連＝ロシアのリーダーとあそこまでサシでやり合えた日本の総理大臣はいなかったのも事実ではないでしょうか。せっかくプーチン＝安倍・森というラインがあったのだから、安倍の死をもってこれを切り捨てるのではなく、細々とでも生かしておくべきだと思います。

この戦争の勝者がどちらになろうとも――ひょっとしてプーチンは失脚しているかもしれませんが――戦後、ロシアは必ず日本を必要とするはずです。果たして、そのとき日本がどれだけしたたかな外交ができるか、一抹の不安はありますが。それから鈴木宗男のような利権屋をウロチョロさせないことも大切です。

もはや他国を守る余裕がないアメリカ

先ほどキッシンジャーの「日本は将来的に核を保有するだろう」という注目すべき発言に触れました。

そういえば、トランプも大統領選の共和党候補指名レースの際、ニューヨーク・タイムズ（電子版）でのインタビューのなかで「アメリカが世界の警察官であり続ける必要はない。このままアメリカが国力衰退の道を進めば日韓の核兵器の保有はありうる」という趣旨の興味深い発言をしています。

日本でも一部で報道されたようですが、おおむねトランプ一流の軽口、ブラックジョーク（？）と捉えられたようです。何より、この時点でトランプが大統領選に勝利すると予測した識者は日本にもアメリカにもほとんどいませんでした。

トランプもキッシンジャーもある種、本音を語ったと思いますが、さすがに現職の大統領や国務長官の立場ではできない発言だったでしょう（トランプは大統領就任後に発言自体を否定）。二人の本音は「アメリカは極東の紛争に介入する余裕はない。中国や北朝鮮の脅威に関しては当事者である日本がどうにかしろ」です。現にトランプは同じインタビューのなかで、「日本が在日米軍の駐留経費の大幅な増額を拒んだときには米軍を撤退させる可能性もあるのか」という問いに、「喜んでそうしたいというわけではないが、答えはイエスだ」と答えています。

おそらくトランプでなくても、ヒラリーでもオバマでもバイデンでも、1年後に決まる未来のアメリカ大統領であっても、本音の部分ではそう答えるでしょう。同盟国といえども自国の防衛に関しておんぶにだっこは許されるわけがなく、それ相当の負担とみずからを助くという強い意思を示して初めて援軍となってくれるのです。トランプ発言をむしろ好機として、日本も自主防衛と核武装を真剣に論議すべきだったと思います。

NPT（核拡散防止条約）が本当に縛りたい国とは

何より私がキッシンジャー発言、トランプ発言を興味深く記憶しているのは、アメリカの要人の口から日本の核武装についての言及があったということにつきます。

というのも、日本の核武装に関していちばんの障害となっているのが、ほかならぬアメリカだからです。

NPT（核拡散防止条約）というものをご存じでしょう。日本もこれを批准しています。このNPTを日本では「国際的な核軍縮・不拡散を実現するための最も重要な基礎であると位置付け、重視している」（外務省ホームページ）として一般国民もおおむねその存在を好意的に捉えているようです。

しかし、NPTの本質はアメリカ、中国、ソ連（ロシア）、イギリス、フランスの既存核保有国5カ国以外には核兵器は持たせないという取り決めにすぎません。真に核軍縮・不拡散を目的とするなら、この5大核保有国が率先して核兵器を放棄すべきですが、それはどだいできない相談といえます。一度、核を持った国がそれを手放すわけがないのです。たとえ一国が放棄を宣言しても、その時点で核の均衡は崩れ、かえって余計な緊張を呼び込みかねません。

何度もいいますが、世界の平和は、この微妙な均衡の上に保たれているのです。そして、むしろ米、ソ、中の3カ国はこの条約後も核を強化しているのが実情だといえます。

NPTの最も不完全なところは、インド、パキスタン、イスラエルが加盟していないことでしょう。インド、パキスタンは核保有国ですが、ともに「（NPTは）米、ソ、中の核大国を利するだけの不平等条約だ」として最初から加盟を拒否しています。イスラエルは戦略的に曖昧にしていますが、実質上の核保有国です。

そして加盟国でありながら核開発疑惑がささやかれていた北朝鮮は、1993年に一方的にNPT脱退を宣言しています。これはNPT側から認められませんでしたが、2002年に核兵器製造に必要なウラン濃縮を行っていることを明らかにし、2003年には再びNPT脱退を通告して今日にいたっています。その北朝鮮はいまや堂々の核保有国としてアジア、そしてアメリカに恫喝外交を繰り広げているのです。

これでおわかりのように、NPTとは条約を遵守するまじめな非核保有国を縛るだけの枠組みであり、北朝鮮のような「ならず者国家」の暴走を抑制する装置にはなりえないということを、はからずも露呈したことになります。

そして核大国アメリカがNPTという枷（かせ）で最も縛っておきたい非核保有国が、ほかならぬ日本なのです。

なぜ、原爆投下という戦争犯罪は正当化されるのか

「日本は唯一の被爆国」。日本人なら耳にタコができるくらいに聞かされるフレーズです。では、日本を被爆国にしたのはどの国か、日本に原爆を落として広島と長崎を焦土にし、一度に約10万もの無辜（むこ）の生命を奪ったのはどの国か。いうまでもなくアメリカです。民間人の虐殺は明らかな陸戦条約違反にあたります。つまりは立派な戦争犯罪行為です。

近年、戦犯（戦争犯罪行為、戦争犯罪人）という言葉がひとり歩きし、意味合いが誤解されて使われているようなので少し説明を付け加えますが、戦争犯罪行為というのは戦勝国であろうと

敗戦国であろうと起こしてしまうものなのです。しかし、極東軍事裁判等では日本の戦犯行為は裁かれても、連合国側の戦犯行為についてはいっさい触れられることもなかった。あの裁判が茶番だといわれるゆえんでもあります。

日本だけが裁かれたこの一点で、まるで日本があの戦争のすべての責任を問われなくてはいけないかのような錯覚にとらわれている日本人もいまだ少なくありません。公平にジャッジするなら、アメリカは二つの原爆、それに東京、大阪をはじめとした都市空爆だけでも日本軍の戦争犯罪をはるかに凌駕する重い戦争犯罪行為を人類史に刻んだことになります。

１９４５年10月にローマ教皇・ピウス12世も、のちにアメリカ大統領になるドワイト・デイヴィッド・アイゼンハワー欧州戦線連合国軍最高司令官に「原爆投下は戦争犯罪である」と告げていたことが、近年公開されたバチカンの文書で明らかになっています。長崎の原爆では多くの敬虔なカトリック信徒も犠牲になっているのです。

では、アメリカでの原爆投下に関する認識はどうなのでしょう。かの国では学校教育で「広島、長崎への原爆投下は長引く戦争を終結させ、米日双方１００万人の兵士の命を救った」と教えているそうです。明らかな合理化、いや、正当化といっていい。

バラク・オバマが広島で謝罪しなかった理由

2016年5月にオバマはアメリカの現職大統領として初めて広島を訪問し、被爆者と対面して抱擁する姿はメディアによって感動的に報じられました。しかし、オバマの口からは被爆者や広島市に対する謝罪の言葉はいっさいありませんでした。もっとも、それをここで責める気はありません。もし合衆国大統領の立場で彼が一度でも謝罪の言葉を口にしたら、いまいった「(原爆投下は)戦争を終わらせるため」という公式見解が崩れてしまいます。

国家元首というものは安易に謝罪をしてはいけないのです。日本の政治家は相手国の要求するままにじつに安易に謝罪をしてきましたが、それがどれほど国益を損ねる結果を生んだかは考えてみる必要はあるでしょう。たとえば韓国にいわれるままに、ありもしない慰安婦の強制連行を「謝罪」してしまったために、日韓関係はこじれにこじれてしまったではありませんか。果たして日本が謝罪し、韓国から「よく過ちを認めてくれました。これからは仲よくやりましょう」という言葉が返ってきましたか。むしろ謝罪が足りない、賠償しろとヒステリックに声を荒らげるばかりです。

いま、世界中に建てられている慰安婦像を見てごらんなさい。本来は2国間の問題ですらなかったはずの慰安婦問題が国際問題にまで発展しようとしている。よく、日本の歴史問題における謝罪に対して韓国あたりが引き合いに出してくるのが、1970年にワルシャワのゲットーでの跪(ひざまず)いて祈る旧西ドイツ首相ヴィリー・ブラントの姿です。このときの写真は歴史に残るショットとして語り継がれていますが、一方、この跪きパフォーマンスのあと帰国したブラントは、ドイツ国内で一部識者から激しい非難を浴びたのも事実です。

アメリカにとっては「人体実験」だった広島と長崎

アメリカは広島にはウラン型、長崎にはプルトニウム型の2種の異なる原子爆弾を落としました。

ウラン型の構造を簡単にいうと、細長い筒の両極に濃縮ウランをつめ、片方のウランに爆薬をしかけ、両方のウランがぶつかることによって核分裂を誘発させ、膨大なエネルギーを発生させるというもの。もうひとつのプルトニウム型は爆弾の中心部にプルトニウムをつめ、爆発と同時に核分裂を起こすという方式です。

なぜ、広島と長崎に異なった方式の原子爆弾を落としたかといえば、答えは簡単で、両方の威力の違いなどを知る必要があったからにほかなりません。要するに広島と長崎はアメリカがつくりだした超兵器・原子爆弾の実験場だったのです。

もし日本がもっと早く降伏していれば、原爆の被害にあわなくてすんだのではという意見をよく耳にしますが、事実は反対で、アメリカは原爆投下、つまり「実験」が完了するまで日本に降伏してもらっては困る。とにかく戦争を引っ張ることを至上命令としていました。

事実、すでに敗色が決定的となった日本はさまざまなチャンネルを通してアメリカと和平の交渉を打診し、あろうことかソ連に仲介役を頼もうとしていました。その都度、アメリカは無理難題をいって日本の交渉を蹴り続けたのです。アメリカが突きつけたポツダム宣言には日本は国体の護持を保障する文言はありませんでした。この一点だけは日本は決して譲れぬことを承知のうえでです。

結果はご承知のとおり、８月６日に広島、９日に長崎に原爆が落とされたのです。しかも通勤、通学で人が外出する朝を狙ってのものでした。明らかに原爆による建造物の破壊と同時に、熱線、熱風、放射能が人体におよぼす被害のデータを求めていたことの証左です。実際に、敗戦後にＧＨＱ（連合国軍最高司令官総司令部）はＡＢＣＣ（原爆傷害調査委員会）を設置して原爆被害者の血液、皮膚、内臓などをサンプルとして採取し、本国に持って帰りました。これなどもアメリカが日本人をモルモット代わりとしか思っていなかったことを物語るものです。

そのほか、ＧＨＱは東宝（とうほう）の名カメラマンといわれたハリー三村（みむら）こと三村明（あきら）に命じて原爆投下間もない広島の街並みをカラーフィルムに収めています。ありとあらゆる方法で原爆に関するデータを収集したのです。

日本の原爆で命拾いした南北朝鮮

これは余談ですが、アメリカでは原爆が「戦争を終わらせた兵器」として一般に認識されているのと同じく、韓国では「植民地支配を終わらせてくれた兵器」という信仰があるようです。K－POPグループのBTSのメンバーがプロモーションビデオでPATORIOTISM（愛国心）、OURHISTORY（私たちの歴史）、LIBERATION（解放）の英語とともに原爆のキノコ雲の写真をあしらったTシャツを着て物議をかもしたことがありました。メンバーはあれこれと言い訳を言い募っているようですが、シャツのデザインは明らかに日本を意識したものでしょう。韓国では日本人にとって「原爆」がナーバスな話題であることを知ったうえで、あえていやがらせにこれを使うのはよくあることです。

閔妃（びんひ）をテーマにした韓国製ミュージカルの冒頭に、閔妃とは直接なんのかかわり合いもないキノコ雲の映像が使われていたり、やはりK－POPアイドルのPVになんの脈絡もなく原爆ドームが登場したりするといったこともありました。なんといっても、日本に核ミサイルを撃ち込む映画が大ヒットするようなお国柄です。

たしかに原爆投下によって敗戦が決まり、結果的に朝鮮が日本の統治から解放されたというのは事実でしょう。だが、その朝鮮は解放されたものの、米ソによって38度線で分断されてしまった。つまり、自立できなかったのです。

挙げ句の果てには朝鮮動乱（1950～1953年）を起こし、同じ民族同士で殺し合いを始めてしまった。韓国に泣きつかれたアメリカが助っ人に入り、北朝鮮の背後にいる中国と対峙する格好となりました。一進一退、膠着する戦況に業を煮やした国連軍総司令官のダグラス・マッカーサーは原爆の使用許可をハリー・S・トルーマン大統領に打診。トルーマンはこれに激怒してマッカーサーを解任してしまいます。

なぜ、トルーマンは原爆の使用を許可しなかったのか。すでにソ連が原爆を保持しており、核の使用は核の連鎖を招きかねないという判断もあったでしょう。しかし、いちばんの理由は、すでに広島、長崎で人体実験はすんでおり、ヨーロッパ諸国からの非難を覚悟してまで朝鮮半島に核を落とす必要がなかったからだと思います。もし広島、長崎以前に日本が降伏してしまい、かつソ連の核開発がもう少し先になっていたら、おそらくアメリカは躊躇なく朝鮮戦争に原爆を投入していたでしょう。

一説によれば、マッカーサーは10発の原爆の使用を念頭に置いていたといいます。もし、それが使われていたら、北朝鮮や中国（旧満洲地方）だけでなく、韓国の大地も放射能の灰と黒い雨を大量に浴びていたはずです。少々乱暴な言い方ですが、広島、長崎のおかげで朝鮮戦争では原爆は使用されず、結果的に韓国は放射能被害から免れた。そういう見方もできるのです。原爆Tシャツがいかに罰当たりなことか。

どちらにしても、韓国には、こと日本の原爆に関しては口を慎んでもらいたいものです。いや、もっと強くいったほうがいいかもしれませんね。歴史を直視する必要があるのは、どちらのほうなのかと。

終戦直後はネガティブな言葉ではなかった「ATOM」

広島、長崎で得た「実験結果」にアメリカは満足し、同時に戦慄を覚えました。

満足というのは原子爆弾の破壊力の成果であり、その強大な破壊兵器を持っているのは（その時点では）地球上でアメリカ一国だという事実です。言い換えれば人類の生殺与奪の権利を自分たちが握っているという傲慢なまでの自信と安心感ということになります。第2次世界大戦は建国して200年しかたっていない移民の国アメリカを世界の覇者に押し上げたのです。

戦慄はむろん核兵器が持つ残虐性にほかなりません。アメリカはこの超兵器をほかのどの国にも渡してはならないと考えました。

広島、長崎後に世界唯一の核保有国アメリカは浮かれていました。ATOMIC BOMBと書かれたトレーラーにキノコ雲のオブジェを乗せてパレードを行ったり、核実験場があるネバダ州ではミス・アトミックボムという美人コンテストまで開かれたりしています。ATOM AGE（原子時代）は未来世界、科学時代を表す言葉として大いに持てはやされていました。

これは被爆国・日本も同じようなもので、手塚治虫（てづかおさむ）の大ヒット漫画『鉄腕アトム』が連載を開始したのが１９５２年です。当時はまだNUCLEAR（核）という言葉は一般的ではなく、ATOMだったのです。

これも余談ですが、長崎にルーツを持つ俳優の下條正巳（しもじょうまさみ）は原爆投下の翌年に生まれた息子にアトムと名づけています。俳優の下條アトムです。少なくとも敗戦からしばらくのあいだ、原子（アトム）という言葉にネガティブな響きはありませんでした。

アメリカの核をソ連に売ったローゼンバーグ夫妻

しかし、アメリカの原爆お祭り騒ぎも１９４９年８月にソ連が初の原爆実験に成功すると次第に沈静化していきました。自分たちだけが独占していた核兵器製造の技術を知らぬあいだにソ連が握ったのです。アメリカは「唯一の核保有国」という夢から覚めて共産主義国ソ連の核に怯(おび)えるようになっていきました。ここらへんのアメリカのあたふたぶりは当時のニュースフィルムやプロパガンダ映画を集めて編集したドキュメンタリー映画『アトミック・カフェ』にくわしいです。

アメリカをさらに震撼(しんかん)させたのは、ソ連の核技術がアメリカから漏れたということでした。つまり、スパイがいたということです。そしてスパイとして挙げられたのはジュリアスとエセルのローゼンバーグ夫妻（Rosenberg）でした。夫妻はその名からもわかるとおり、ユダヤ系アメリカ人（〜bergとつく名前にユダヤ系は多い）です。

夫妻はロスアラモスの原子爆弾製造施設に勤務していたエセルの弟から原子爆弾に関する重要機密を入手してソ連に売ったとして逮捕され、裁判で死刑が確定しました。これに対してパブロ・ピカソやジャン・ポール・サルトル、アルベルト・アインシュタイン、ローマ教皇ピウス12世など世界の著名人が夫妻の冤罪(えんざい)を訴えて助命運動を展開しましたが、そのかいなく夫妻は１９５３年６月19日にそろって電気椅子の人となりました。死刑の模様はわざわざ全米にラジオ放送されており（先の『アトミック・カフェ』でもその音声を聞くことができます）、原爆を売った夫婦に対するアメリカ国民の怒りと憎悪のほどがうかがえます。

１９９５年にソ連の情報機関のスパイ活動の暗号を解読した文書が秘密解除となって公開さ

れましたが、それによれば、エセルはともかく、ジュリアスはソ連のスパイであったことがほぼ確定的となりました。

ほかにもアメリカの原爆開発計画（マンハッタン計画）に参加していたイギリス人科学者クラウス・フックスもスパイだったということが判明しています。アメリカの原爆開発プロジェクトにかかわった人間が同時にソ連に情報を流していたのですから、これもショッキングな出来事でした。

フックスは自白を条件に死一等を減ぜられて服役しましたが、１９５９年に釈放されるや東ドイツに居を移し、今度は中華人民共和国の研究者に接近して核技術を伝えたといいますから、アメリカもイギリスも脇が甘いとしかいいようがありません。中国が初の核実験を成功させたのはその5年後のことです。

フックスはその後も東ドイツで核研究に携わり、国立科学アカデミー・レオポルディーナのメンバーにも選ばれ、１９８８年に76歳の生涯をまっとうしました。

世界がその威力に震撼した「ツァーリ・ボンバ」

ソ連が原子爆弾を完成させたことに衝撃を受けたアメリカは、さらに強力な水素爆弾の開発に乗り出します。

原爆（原子爆弾）と水爆（水素爆弾）の違いを最も簡単に説明すると、原爆は原子核の核分裂を連鎖的に起こさせることで強大なエネルギーを生むもので、一方、水爆は核融合から発生したエネルギーを利用するものということになるでしょう。

もう少しくわしく説明しますと、水爆は重水素や三重水素（トリチウム）の原子核同士を融合させ、ヘリウムの原子核ができるときにエネルギーを発生させます。核融合反応を起こさせるには数千万度の高温が必要で、その高温を発生させるために核分裂爆弾を利用します。つまり、原爆を使って水素の原子核を核融合させるのです。そのときに放出されるエネルギーは原子爆弾よりはるかに巨大です。ちなみに太陽のエネルギーも核融合反応によるものです。すなわち水爆とは小型の太陽を地上に落とすようなものだとイメージしてください。

アメリカは１９４６年７月の２度にわたる原爆実験に続いて、１９５４年に同じビキニ環礁で４度の水爆実験を成功させました。３月１日の実験で放出されたエネルギーは広島型原爆の１０００倍以上といわれ、その衝撃で島は消え去り、海底に深さ１２０メートル、直径１・８キロメートルの巨大なクレーターができたほどです。この日の実験で近くで操業していた日本のマグロ漁船・第五福竜丸（ふくりゅうまる）ほか９００隻の漁船が死の灰を浴びて被爆して死者を出した事件は、日本人として決して忘れてはなりません。また、このときに漁船が積んでいたマグロは放射能マグロとして大量に破棄されました。日本人の食に対する重大な不安を呼んだのです。

ちなみに水着のビキニはビキニ環礁の原爆実験からネーミングされました。当時としては露出度が高かったセパレートの水着は「ビキニ原爆並みの衝撃」ということですが、日本人からすれば「いい気なものだ」といいたくもなります。

翌1955年11月に今度はソ連が初の水爆実験に成功。これによって東西冷戦は本格化し、米ソの核軍拡競争時代に入っていきます。

次いで1961年10月にソ連は世界最大級の水爆実験を行います。爆弾の正式名称はAN602。しかし、その破壊力のすごさからつけられたというツァーリ・ボンバ（爆弾の皇帝）という別名のほうが有名でしょう。

ツァーリ・ボンバはTNT火薬に換算して100メガトン。第2次世界大戦で使われた総爆薬数の50倍です。実験では50メガトン級に抑えられましたが、それでも威力は広島型原爆の3300倍に相当するという代物でした。北極海のノバヤゼムリャ島の上空から爆撃機で投下され、高度4000メートルで爆発。激しい白色閃光（せんこう）ののち、高さ60キロメートルのキノコ雲が立ちのぼり、爆発で発生した衝撃波は地球を3周し、瞬間的に地球の地軸が揺れたと記録されるほどの超威力でした。爆発は2000キロメートル離れた地点からも目視できたといいます。

50メガトンに制限したのは、決して科学者的良心からではなく、死の灰がソ連領内まで達するのを憂慮したためです。もし当初の予定どおりに100メガトン級が実験に使われていたら、地球にも大きな損害を与えていたことでしょう。

その後、ソ連を含め核保有国はさすがにツァーリ・ボンバを超える巨大核兵器の実験を行っていません。これも決して科学者的良心によるものではなく、巨大核兵器は製造するコストがかかりすぎるという現実的な理由からです。地球を破壊しかねない巨大核兵器を1発持つより、小型の戦術核を多数保有するほうが有効と判断されたまでです。

それはともかく、アメリカをはじめ、西側諸国を震撼せしめたことにおいて、ツァーリ・ボンバのデモンストレーション効果は十分すぎるものがあったといえます。

1964年の東京五輪にぶつけられた中国の原爆実験

ソ連に続き、イギリスが1952年、フランスが1960年に核実験に成功。さらに1964年10月、ついに中華人民共和国までが核の火を手に入れることになりました。中国初の核実験は新疆（しんきょう）ウイグル自治区ロプノール湖で行われました。ちょうどこのとき、東京では東洋初となるオリンピックが開催されており、核実験はそれに当てつけるようなタイミングで行われたのです。ちなみに中共は中華民国（台湾）の参加に抗議するかたちで東京五輪出場をボイコットしています。

「わが国の核兵器開発の目的は核保有諸国の核独占を破り、核兵器をなくすことである」

というのが中国側の言い分でした。

核保有国はこの時点で5カ国になりました。アメリカを除く4カ国のうち2カ国が東側、つまり社会主義国陣営です。中国の言い草ではありませんが、アメリカ一国の核独占は破られ、わずか15年足らずで核保有国は増殖してしまったのです。このうえは、いかにこれ以上、核保有国を増やさないようにするかがアメリカの核戦略の第一義となってきます。

そしてアメリカが最も核を持たせたくない国が、何度もいいますが、同盟国でもあるこの日本なのです。

アメリカが認める「報復権」という考え方

アメリカには報復権（復讐権）というものを人間に与えられた「自然権」として認める考え方があります。つまり、やられたらやり返すのは当然の権利であるという考え方です。

おそらく開拓時代に土地をめぐってネイティブ・アメリカンとの土地争いのなかで醸造された概念でしょう。よく、ネイティブ・アメリカンは白人の頭の皮を剝ぐなどといわれますが、実際は白人がネイティブ・アメリカンの頭の皮を剝いだ例のほうが多いのです。ネイティブ・アメリカンにやられた白人たちが同じ方法で仕返ししているうちに、いつしか10倍返しになったのでしょう。この当時、白人にとって異教徒である有色人種は動物と同じですから、殺し方も残虐で容赦はありませんでした。

アメリカ人が考える報復権の行使は国家間にも適用されます。すなわち報復を大義とした戦争です。

対日戦争はその好例です。日本軍の真珠湾（しんじゅわん）奇襲攻撃はアメリカにとっては横っ面をはたかれたにも等しい行為でした。いまいったように、キリスト教徒の白人にとって有色人種はけだものと同じですから、そのけだものに奇襲を許したとなれば、アメリカ国民の怒りも尋常ではなく、「日本討つべし。報復せよ」の世論は一気に盛り上がった。アメリカ政府も対日戦争の大義を得ることになったのです。

結果はご承知のとおり、10倍返しどころか１００倍返しで、日本は多くの都市を焦土にされました。真珠湾攻撃に関してはアメリカ側が事前に日本側の暗号を解読していたこと、主要空母が真珠湾から出払っていたことなどから、現在、さまざまな憶測が語られていますが、それに関しては、ここではひとまずおいておきます。

２００１年の９・11アメリカ同時多発テロも、このあとのアフガニスタン侵攻、イラク戦争

（対テロ戦争）の引き金となりました。まさに、あれこそが報復戦争だったのです。

報復というと、日本の封建時代にも仇討ちを美徳とする文化があったではないかといわれるかもしれませんが、仇討ちとアメリカ人が考える報復とは似て非なるものです。仇討ちは武士階級にだけ許されたもので、正当な手続きを経て行わなければなりませんでした。また、父母、兄、夫、主君の仇討ちにかぎられ、妻子、弟、妹の仇討ちは許されていません。仇討ちは個人の復讐というより、武士の面目を保つことに意義が置かれていました。

仇討ちは武士階級だけに許されたといいましたが、では、武士以外の者が殺された肉親の無念をどう晴らすかといえば、これはお白洲（裁判）に任せるしかありません。町人が武士を訴えることもあり、浪人の被告が死罪になったという記録も残っています。つまり、国家機構が復讐を代行するという考え方で、不完全ながら近代的法理に近い考え方といっていいでしょう。

これに対し、アメリカ流の報復は私刑の要素が強いといえます。私刑であるが、報復としての大義があるなら大目に見ようというのがアメリカです。やられたらやり返すというのがアメリカのカウボーイの発想で、もしやられっぱなしで黙っていたら、それこそ笑い者にされるのがオチでしょう。そこに文化の違いがあります。

ベトナム戦争では、それこそ全米であれだけ激しい反戦運動があったのに、イラク戦争にはほとんど反対の声が聞こえなかったのは、ベトナムは基本的には他国の戦争への介入ですが、イラクは報復がベースだったからにほかなりません。

報復権を否定して刑場の露と消えた岡田資中将

大岡昇平（おおおかしょうへい）に実在した陸軍中将・岡田資（おかだたすく）をモデルにした『ながい旅』という小説があります。小説のほうは多少の潤色はあるようですが、お話はおおよそこんな感じです。

名古屋（なごや）空襲で撃墜され脱出したB－29の搭乗員27名を岡田中将は略式命令で斬首処刑します。これがもとで岡田中将は戦後、GHQによって戦犯裁判にかけられるのです。捕虜虐待は重罪で、最高刑は死刑でした。

ところが、裁判にあたったアメリカ人の裁判官も弁護士も岡田中将の高潔な人柄に打たれ、審議が進むにつれ、この男の命をどうにか救いたいと思うようになっていきました。弁護士は被告の中将に水を向け、搭乗員の斬首は名古屋の街を焼かれたことへの「報復」としてやったのだという言葉をどうにか引き出そうとしました。「報復」であるなら死一等を減じると暗に含ませて。

しかし、中将は何度問われようと、自分の行為はあくまで合法的な「処刑」であって「報復」ではないと言い通したのです。それればかりか、空襲で多くの民間人を殺した当該搭乗員に関して、「搭乗員はハーグ陸戦条約違反の戦犯であり、断じて捕虜ではない」と堂々と主張し、法廷で戦ったといいます。

戦犯として裁かれようとする被告が、逆にアメリカ側がやったことこそ戦犯行為であると告発したというのですから、われわれ日本人からすれば痛快事といえるでしょう。これはまったく岡田中将の弁に理があります。しかし、結局は岡田中将は死刑判決を受け、軍人にとっては屈辱の絞首刑によってこの世を去るのでした（軍人の処刑は銃殺というのが世界の常識でした。武士にとっての切腹のようなものです）。

このエピソードからも、アメリカが考える「報復」がどのようなものかがおわかりいただけたかと思います。また、日本の一軍人のほうがアメリカの軍事裁判官よりよほど国際法に通じ、また愚直なまでにこれを遵守していたということでもあります。日本人はやはり法治の民族なのです。

日本の「核報復」を恐れるアメリカ

さて、長々と書いてきましたが、アメリカが日本にだけは核兵器を持たせたくない最大の理由も、この報復権にあるといえば理解しやすいかと思います。

つまり、日本に核兵器を持たせると、いつか必ず広島、長崎の「報復」としてアメリカに核を使うかもしれない。アメリカはその権利を日本に与えてしまうのかという潜在的な恐怖があるのです。これは理屈でなく、説明のしようがない感情なのだといえます。

言い換えるなら、それだけ広島、長崎の被害がすさまじく、原爆投下が非人道的行為であったことをアメリカも強く認識しているということにほかなりません。先にも書きましたが、アメリカは日本占領を開始すると広島に研究所を置き、被爆者の皮膚や毛髪などあらゆるサンプルを採取して本国に送っているのです。細胞レベルにまでいたる放射能の恐怖を知っていました。「（原爆は）戦争を終わらせた正義の兵器」論も、それをごまかす方便にすぎなかったのです。

むしろ、こういった獏たる恐怖というのはエンターテインメントの世界のほうがわかりやすく表現されているのかもしれません。映画や漫画です。あるいはプロレスというエンタメ・スポーツもこのジャンルに入ります。

１９５０～１９６０年代にアメリカ中西部で悪役として人気を誇っていたミツ荒川（あらかわ）というハワイ出身の日系プロレスラーがいました。彼は「広島の原爆で両親を焼き殺された復讐のために海を渡ってやってきた」という触れ込みで観客の恐怖と憎悪を煽り、トップレスラーにのぼりつめたのです。

ユダヤ人の報復心を利用した原爆開発

そもそも原爆開発の裏側には、ユダヤ人の報復心を利用しようとしたアメリカの思惑も見え隠れするといったら読者は驚かれますか。アメリカの原爆開発プロジェクト「マンハッタン計画」に携わっていたのは多くの亡命ユダヤ人科学者です。代表的なところではロバート・オッペンハイマー。彼は主任でした。ほかにはハロルド・ユーリー、ディター・グルーエンといったところ。彼らはみんなナチスの迫害を受けてドイツやオーストリアから亡命してきた人たちです。ニュートリノの命名者として知られ、やはりマンハッタン計画を語るときに欠かせないエンリコ・フェルミはイタリア人ですが、愛妻がユダヤ人でした。ベニート・ムッソリーニ政権下で迫害を恐れていた夫妻はノーベル賞の授賞式の会場から、そのままアメリカに亡命を果たします。

彼らを受け入れたアメリカにすれば、彼らはナチス・ドイツに対して報復権を持っており、ナチスを倒すという名目のもとで原爆開発に積極的に従事してくれるはずという目算がなかったといえばウソになるでしょう。

「ナチスが原爆開発に乗り出している。アメリカはナチスより早く原子爆弾を完成させるべきだ」とフランクリン・ルーズベルト大統領に手紙で進言したのは、あの有名なアインシュタインです。手紙を書くようすすめたのは彼の友人でハンガリーの物理学者レオ・シラードでした。彼らもともにユダヤ人です。この手紙はルーズベルトを大きく動かしたといわれます。

そのアインシュタインですが、完成した原爆が日本の広島、長崎に投下されたと知って、「原爆は対ドイツ戦に使われると思っていたのに」と天を仰いだという話が伝わっています。

また、シラードは日本への事前警告なしの原爆投下を阻止しようと働きかけたことでも知られています。

マンハッタン計画に誘われながら、これを固辞したユダヤ人女性科学者もいました。109番元素「マイトネリウム」にその名を残すオーストリアの物理学者リーゼ・マイトナーです。一方で、ユダヤ人でありながらナチスの核開発に協力したのは、不確定性原理の提唱者ヴェルナー・ハイゼンベルク。

原子爆弾に対するスタンスの違いはともかく、これらのユダヤ人科学者たちは科学の歴史に巨大な足跡を残した人たちであることはたしかなことです。あらためてユダヤ人の優秀性というものを痛感せずにはいられません。

前述したとおり、アメリカの原爆の機密情報をソ連に売ったローゼンバーグ夫妻もユダヤ人でした。

核兵器誕生の裏面史をユダヤ人の民族の物語として語る。そんな書物がいつか誰かの手によって書かれる日があるかもしれません。

アメリカは「日本の強さ」を知っている

話を戻しましょう。アメリカが日本を恐れた理由は、たんに報復権の有無だけではなく、いざというときの日本人の底力にあったと思います。

ＧＨＱ占領初期に吉田茂（よしだしげる）がマッカーサーに「日本の統計数字をあてにしないでくれ。あてにできたらアメリカなんかと戦争をしなかったよ」とボヤいたというのは有名な話です。これをもって日本は無謀な戦争に走った、戦前の軍部はすべて悪だったという結論につなげたい人も多いようですが、じつをいえば、統計数字があてにならなかったのはアメリカも同じです。

「極東のちっぽけな島国など3カ月もあれば世界地図から消してやる」と真珠湾攻撃を受けて立ったかたちのアメリカでしたが、日本を降伏させるまで3カ月どころか、3年9カ月もかかってしまいました。

アメリカ側の戦死者も陸海合わせて29万人を数えます。日本の戦死者は計２３０万人ですが、これは中国大陸での戦線を合わせた数です。南方での兵士の死因は圧倒的に戦病死（マラリア等）、餓死でした。11年戦い、泥沼とまで表現されたベトナム戦争での米軍の戦死者が推定4万７０００人ですから、29万人という数字がいかにとてつもないものであるかはおわかりいただけるでしょう。日本が無謀な戦争に挑んだというなら、アメリカもまた無謀な戦争へと自国の若者をいざなったのです。

ちなみに現在のアメリカでは戦死者が1万人を超えた段階で大統領は責任を問われ、政権が飛ぶことも十分にありえます。

資源のない「極東のちっぽけな島国」が、異教徒のイエローモンキーが、世界の空戦史にその名を刻む零戦（れいせん）をつくり、優秀な伊号（いごう）潜水艦をつくり、ヨーロッパやアメリカでもつくれなかった酸素魚雷をつくり、そして戦艦大和（やまと）をつくったのです。この技術力、工業力もまた戦勝国アメリカの目には脅威と映らないはずはなかったでしょう。

そして、何よりアメリカを驚愕（きょうがく）せしめたのは日本軍の規律の正しさと士気の高さです。

何件かの例外はあるでしょうが、日本軍が占拠した地域では虐殺も略奪もレイプもほとんどありませんでした。レイプが発覚すれば軍法会議にかけられ、はなはだしきは死刑です。手柄を信じて国で待つ父母、妻子にもその不名誉はついて回ることになります。職業軍人においては先に紹介した岡田中将のような人格者も決してめずらしい存在ではありませんでした。

士気についても同様です。日米双方に多大な損傷を残しながら戦い抜き、玉砕した硫黄島（いおうとう）の戦い、同じく沖縄戦、わが身を粉に敵艦に体当たりする近代戦争史に比例なき特別攻撃隊。これらは敵であったアメリカ軍によって、むしろ顕彰が進んでいます。そういえば、ヨーロッパ戦線で最も多くの受勲者と戦死者を出し、第2次世界大戦最大の英雄として称えられているのはハワイ日系部隊の「第442連隊戦闘団」でしたね。彼らの勇敢さも、その民族性ゆえと感嘆するアメリカ人は、いまも多いでしょう。

アメリカの恐怖心が生んだGHQの洗脳教育

逆にいえば、それだけ勇敢で死をものともせず突っ込んでくる日本人、かぎられた資源のなかで最高水準の戦闘機をつくりだす日本人。これを二度と自分たちに歯向かわせてはならないと痛感したはずです。

そのために占領下においてGHQは徹底的な洗脳教育を日本人に施しました。先の戦争は侵略戦争であり、国民は時の政府と軍部に騙されていたということを、手を替え品を替え徹底的に国民の脳に植えつけたのです。それだけでは安心できないのか、軍備さえ否定する憲法をつくって日本に押しつけました。この憲法も朝鮮戦争が勃発して赤化勢力がアジアに浸透し始めると、アメリカにとっても邪魔者以外の何ものでもなくなります。しかたなくアメリカは自衛隊の設立を日本に要請してきたのです。

それから70年以上。憲法上の制約にがんじがらめになりながらも、自衛隊は世界に誇れるほどの軍隊に成長しました。これからますます自衛隊は世界から必要とされていくことでしょう。

しかし、その清廉なる自衛隊であっても、アメリカは核を持たせることにはなかなかよしとはしないでしょう。その理由が日本人の勇敢さにあるというのですから皮肉なものです。

第2次世界大戦の日本軍は強かった。勇敢で高潔であった。そんな彼らに核で報復されたらたまらない。アメリカ人のこの考え方は、一朝一夕で覆ることはないでしょう。

第3章

中国、北朝鮮の核は日本がつくった

ＧＨＱが驚嘆した日本の原爆開発レベル

日本を占領のために訪れたＧＨＱをさらに驚かせたのは、戦時中に日本の陸海軍も原子爆弾の開発に乗り出していたという事実でした。ＧＨＱが陸海軍本部での戦時研究を詳細に調べたところ、その研究開発プロジェクトはかなり高水準で、日本もまた一定の条件さえ整っていれば原子爆弾の製造に十分に成功していただろうという結論を得たのです。

これがまた、アメリカの日本に対する警戒心を大いに刺激する結果を招きました。黄色いサルと侮っていた日本人が、なんと原爆までつくろうとしていたなんて……。もし日本が自分たち（アメリカ）より早く原爆を完成させていたら、と思い、心底ゾッとしたことでしょう。ＧＨＱとその報告を受けたアメリカの首脳陣は、ますます日本にだけは核を持たせるべきではないと胸に誓ったに違いありません。

では、日本の陸海軍が進めていた原子爆弾の研究開発とはどのようなものだったのか。本章ではそれを中心にお話を進めていきたいと思います。

ナチス・ドイツ経由でもたらされた日本の核技術

現在でも続く、世界で最も権威あるイギリスの科学雑誌『ネイチャー』。創刊は1869年といいますから、優に150年の歴史を誇っており、21世紀の現在においても同誌に論文が掲載されることは一流科学者としてのステータスとなっています。世界から寄せられる無数の論文のうち、同誌に掲載されるのは8％弱ともいわれる狭き門なのです。

その『ネイチャー』に「ウランのひとつの原子が分裂すると2個の中性子が生まれ、それがさらに別の原子に当たって次々と連鎖反応を起こして巨大なエネルギーを生む」という論文が載ったのは1938年のこと（12月号）。寄稿者はドイツ人科学者のオットー・ハーンとその助手のフリッツ・シュトラスマンでした。世界の原子物理学の歴史はここに始まったといっていいでしょう。ハーンはこの研究で1944年度のノーベル化学賞を受賞しています。

とはいえ、核分裂の発見をハーンとシュトラスマンだけの功績にとどめておくのは正しくありません。ハーンはこの研究の過程で盟友のリーゼ・マイトナーと彼女の甥（おい）であるオットー・ロベルト・フリッシュから多くの助言を受けていたのです。

マイトナーに関しては前章でも触れました。マンハッタン計画にスカウトされながら、これを固辞したユダヤ系オーストリア人の女性物理学者です。ハーンがマイトナーの名を共同研究者から外し、結果、単独でノーベル賞を受賞した際も授賞式のスピーチでも彼女への言及がいっさいなかったのは、ナチスからの圧力を恐れたからだともいわれています。マイトナーとのあいだの科学者同士の友情もここで終わりました。

何がいいたいかといえば、原子物理学という学問はユダヤ人の頭脳なしには成立しなかったであろうということです。

ハーンの『ネイチャー』論文には日本の軍部や物理学者も瞠目(どうもく)していました。日本はこれに先立つ1936年にナチス・ドイツと日独防共同盟を結んでおり、英米との関係に暗雲が立ち込めている時期でした。該当の『ネイチャー』誌も日本はドイツを経由して入手したとのことです。ちなみにアメリカの物理学会が発行する学術誌『フィジカル・レビュー』は1941年1月号をもって一時、日本への配布を停止しています。

原爆がつくれたのはアメリカと日本だけだった

戦前に原子爆弾の研究が進んでいたのはアメリカ、ドイツ、そして日本でした。そのうちドイツの原子物理学者（繰り返しますが、そのほとんどがユダヤ系です）の多くはアメリカや中立国に亡命していますから、実質、原子爆弾の製造が可能だったのはアメリカと日本の2国ということになります。

記録によると、1941年11月に早くも陸軍から理研（理化学研究所）に「ウラン爆弾」製造の可能性に関しての打診があったことがわかります。日米開戦のまさにひと月前のことです。

アメリカの「マンハッタン計画」が始まるのが翌1942年ですから、日米の核兵器に対する着目は、くしくもほぼ同時であったといっていいでしょう。一説によれば、アメリカがウラニウム鉱石の海外持ち出しを厳しく制限し始めたことを不審に思った日本陸軍の内部では、ウランの核分裂理論の兵器転用の研究をアメリカに先んじるべし、との声が上がったといわれています。

1942年7月から翌1943年3月にかけて東京・麻布の水交社（海軍の外郭団体）で十数回にわたって「核物理応用研究会」なる会合が行われています。海軍技術研究所の伊藤庸二少将の呼びかけによるものでした。

海軍からは伊藤少将と水間正一郎技官が出席。委員長は仁科芳雄（理研）が任命されました。委員は長岡半太郎（理研）、西川正治（理研）、水島三一郎（東京帝大）、浅田常三郎（大阪帝大）、菊池正士（大阪帝大）といった当時の日本を代表する理系の頭脳たち。のちに嵯峨根遼吉（理研）、日野寿一（東京帝大）、渡辺寧（東北大学）、仁科存（東北大学）、田中正道（東京芝浦電気＝現・

東芝（とうしば）らがこれに加わっています。

何度も名称が出てくる理研（理化学研究所）ですが、近年、スーパーコンピュータ「京（けい）」および「富岳（ふがく）」の運用で世界的にその名を知られるようになった、あの「理研」です。創立は1917年、日本最古、そして唯一の自然科学系総合研究所です。現在は特殊法人となっています。

さて、度重なる会合の末、「核物理応用研究会」が出した結論は、

①原子爆弾は理論上、明らかに製造は可能。
②米英両国は（原子爆弾の完成を）今次の戦争に間に合わせることは、おそらく実現困難であろう。
③日本には濃縮に必要な量のウラン鉱石はない。
④強力電波は原子爆弾より実現性が高い。
（参考＝保阪正康（ほさかまさやす）「衝撃の新事実　戦時秘話　原子爆弾完成を急げ」月刊『現代』1982年5月号など）

というものでした。机上では原子爆弾の製造は可能と出たわけです。あとはウラン235を精製するだけのウラン鉱石をどこから入手するかという問題だけが残ることになりました。

世界をリードした「F研究」と「二号研究」

日本の原子爆弾研究は、このように海軍がやや先んじていましたが、「核物理応用研究会」のチーフだった仁科芳雄は結局、同時期に打診を受けていた陸軍を選び、一方、海軍は荒勝文策（あらかつぶんさく）（京都帝大）がプロジェクトチームを組んでこれにあたりました。

仁科、荒勝をそれぞれのリーダーに理研・大阪帝大＝陸軍、京都帝大＝海軍という布陣ができあがるのです。海軍の原爆研究をfission（核分裂）の頭文字から取って「F研究」、陸軍の研究をニシナの「ニ」（二）から名づけて「二号研究」と秘匿名で呼ばれていました。

仁科は東京帝大大学院工科を卒業し、ヨーロッパ留学を経て仁科研究室を立ち上げた人物。留学中は原子構造の研究で有名なデンマークの物理学者ニールス・ボーアの有能な助手として将来を期待されていました。１９３７年に日本で初めて小型のサイクロトン（核粒子加速装置）を完成し、地元・岡山では「日本の原子物理学の父」として郷土の偉人のひとりに称えられています。ノーベル物理学賞受賞者・朝永振一郎（ともながしんいちろう）は彼の孫弟子にあたる人です。２０２２年７月には理研の仁科加速器科学研究センターの呼びかけで仁科博士の研究室を復元するためのクラウドファンディングも始まっています。

もうひとりのキーパーソン・荒勝文策はどんな人物でしょうか。ベルリン大学であのアインシュタインの薫陶を受け、台北（タイペイ）帝大教授時代の１９３３年、アジアで最初の加速器（コッククロフト・ウォルトン型）を製作し、原子核を人工的に別の原子核に変換させる実験に成功しました。この実績を大として古巣の京都帝大に教授として迎えられ、その後、いくつかの経緯を経て「Ｆ研究」プロジェクトに参加することになります。

仁科、荒勝ともに当時の日本、いや、世界有数の物理学の権威だったわけです。

１９４２年６月のミッドウェイ海戦での敗北、１９４３年２月のガダルカナルからの撤退と、日本の敗色が色濃くなるにつれ、陸海軍の「二号研究」「Ｆ研究」に対する期待はいやがうえにも高まってきます。もっとも、仁科も荒勝もプロジェクトの参加に関しては原子爆弾による戦況の逆転を願う気持ちより、純粋な学術的興味が優先していたようです。

広島に原爆が投下された直後、仁科と荒勝は前後して現地入りして調査を開始し、アメリカの新型爆弾が原子爆弾であると結論づけました。被害の惨状を目のあたりにした荒勝ですが、広島、長崎に次いで、アメリカは京都に３発目の原爆を落とす計画があるとの噂（うわさ）を耳にして、「原子物理学者として、これは千載一遇のチャンスだ。すぐに比叡山（ひえいざん）山頂に観測所をつくり、あらゆるデータの収集を行う準備をすべきだ」と助手の木村毅一（きむらきいち）に語ったという話も残っています。われわれ常人にはちょっと理解しがたい感覚ですが、これも学者バカの性（さが）というべきものでしょうか。

また、仁科は後年、「軍の研究に協力すれば、前線に引っ張られることもなく、結果的に研究室と学生を守ることができた」と「二号研究」参加への本音を漏らしたようです。

「ウランを制する国は世界を制す」

天然ウランにはウラン234、235、238が含まれていますが、ウラン型爆弾に応用できるのは235だけです。このウラン235は天然ウランにわずか0・7%しか含まれていません。そのため、1個の原爆をつくるには大量のウラン鉱石が必要となります。

では、ウラン235だけをどうやって抽出するか。これがまた困難な作業となりました。

当時、四つの方法が考えられました。いずれも前段階でウランをガス化する手順が必要です。

◎熱拡散法——筒を二つ連結し、軽いガス（ウラン235）を上部の筒に集める方法
◎気体拡散法——ガス化したウランをたくさんのフィルターを通して抽出する方法
◎電磁分離法——ガス化したウランを電磁分離する方法
◎遠心分離法——超速度の遠心分離機を使い抽出する方法

現在はこれに加えてレーザー原子法、レーザー分子法、プラズマ分離法などが新たに研究されています。

仁科は熱拡散法を推し、荒勝は遠心分離法が効果的と報告しました。どちらにしろ大規模な装置が必要となり、それにともなう予算も莫大なものになるとのことでした。陸海軍の答えは「予算はいくらかかってもいい。研究を続行せよ」です。

最大の難関はウラン235の濃縮に必要なだけの天然ウランの確保です。

じつはソ連も当初、原爆開発にあたって自国でのウランだけは到底足りず、ドイツ東部やチェコスロバキア、ブルガリアなどウラン鉱山からせっせと鉱石を運んでいました。ソ連が衛星国として東欧諸国を支配下に置くことにこだわったのは、それら諸国の豊富なウラン資源が大きな魅力だったからという見方もあります。

ウランを制する国は世界を制す。ヨシフ・スターリンはわかっていたのです。

知られざる資源大国・北朝鮮

日本陸軍は東条英機陸軍大臣直々の命令で当時、日本統治下にあった朝鮮にウラン探しのための調査隊を派遣しました。朝鮮・黄海道（ファンヘド）の菊根（きくね）鉱山から採れるフェルグソン石にウランが含まれることが朝鮮総督府によってすでに発表ずみだったからです。また、大同江（テドンガン）、清川江（チョンチョンガン）からトリウムを含むモナザイト鉱（モナズ石）が潜在的に大量に存在していることもわかっていました。しかし、結果からいえば、推定埋蔵量は目標の2トンに遠くおよびませんでした。

黄海道は現在、北朝鮮の行政区画となっています。昭和初年にこの土地はゴールドラッシュに沸き、多くの金鉱成金を生みました。有名なところでは見事に金脈を掘り当て、つぶれかかっていた朝鮮日報を買い取ってオーナーに収まった方應謨（パンウンモ）、「金鉱王」「黄金鬼」の異名を取った崔昌学（チェチャンハク）らがいます。本土で衆議院議員になり、その歯に衣着せぬ言動で日本人にも人気があった朴春琴（パクチュングム）も金鉱のオーナーでした。

そのなかでもとくに隆盛をきわめたのは崔昌学でしょう。「黄金御殿」とも呼ばれた地上2階、地下1階、冷暖房完備の彼の豪邸は戦後、上海（シャンハイ）臨時政府主席だった金九（キムグ）の執務室として接収され、現在は「金九資料館」として一般公開されています。金九が李承晩（イスンマン）の手の者によって暗殺（銃殺）されたのは、ここの2階の日本間でした。

中央日報によれば、１９３９年当時の朝鮮半島での金の生産量は31トン、現在の貨幣価値に換算すると10兆ウォン（約1兆円）になります。そのほとんどは38度線の北部からの産出です。

北朝鮮はレアアースを含む鉱山資源の宝庫で、現在でも檜倉（フェチャン）、雲谷（ウンゴク）、平壌（ピョンヤン）郊外の順安（スナン）といった地域の河川からは砂金が採れるといわれています。日本が統治時代に鴨緑江に巨大な水力発電ダム（水豊ダム）を建設したのもこの地で、銅、亜鉛、マグネシウムなど飛行機の機体に必要なジュラルミン合金の素材が大量に採掘されたからでした。ジェラルミンの合成には莫大な電力を必要とするのです。

じつは世界は北朝鮮の資源を狙っている

日本陸軍がもう少し辛抱強く徹底的に朝鮮北部の地下を探れば、ウラン鉱脈にぶち当たった可能性もあったのかと思います。現に北朝鮮は自前でウランを濃縮して核弾頭の製造に成功していますし、一時は東欧と並んでソ連にウランを輸出していたほどです。

ちなみに1978年にIAEAの協力によって北朝鮮が自国のウラン埋蔵量を調査したところ、推定埋蔵量は2600万トン。そのうち400万トンが採掘可能とのことでした。しかも、きわめて良質のウランだということがわかったのです。

北朝鮮が鉱物産業の宝庫だということを証明するエピソードをひとつ紹介しておきましょう。イギリスの株式市場に上場しているコーメットという鉱山開発会社があります。じつは、これはイギリスと北朝鮮の合弁会社なのです。コーメットの本社はロンドンにあるので一般にはあまり知られていませんが、同社は北朝鮮の鉄鉱石やタングステンの最大の採掘権を有する会社です。

そのほか、平壌北東部から車で2時間足らずの場所にある「定州鉱床」は最大2億トンの埋蔵量を有する世界最大のレアアース鉱床だといわれており、これに目をつけ、ひそかに色めき立っているのが中国、そして日本が同盟国として頼りにしているはずのアメリカだというと読者は驚かれますか。レアアースはIT機器はもちろん、アメリカ最大の産業である軍事産業にとっても欠くことのできないものです。たとえば暗視ゴーグルにはランタン、光波測距儀やミサイル誘導システムにはネオジムといった具合に。

北朝鮮は経済制裁を受けて国家崩壊寸前だなどといわれていますが、そんなことは決してない。抜け道はいくらでもあるし、欧米は裏でちゃっかり商売しているわけです。北朝鮮という国は、いざとなれば売るものは無尽蔵に地下に眠っている鉱物大国なのです。アメリカだって自国の軍事産業を守るためには日本の頭越しに北朝鮮と交渉し、経済制裁を緩和すると言い出すかもしれない。アメリカ本土に届くICBMの開発をやめることを条件に核の保有を認めるということです。

昭和天皇が核開発に待ったをかけた説

話を戻します。陸軍はウランを求めて、やはり当時、日本領土であった台湾、日本が占領していた東南アジア各地でも当然探しましたが、芳しい成果はありませんでした。

さらに陸軍は当時のチェコスロバキアのラジウム鉱山から採れるピッチブレンドにウランが多く含まれるという情報を頼りに、ドイツにウランを分けてくれるよう打診しています。当時、チェコスロバキアはドイツの占領下にありました。ドイツはウランの用途を原子爆弾の製造だと知ると提供を渋りますが、結局、日本陸軍の強い説得に折れて2トン分の提供を約束しています。

しかし、そのうちの1トンを積んだドイツの潜水艦がアメリカ軍によってマレー沖で撃沈されてしまうのです。１９44年初頭のことでした。陸軍は残りの1トンに望みを託すも、すでに太平洋の輸送網は遮断されていました。翌１９４5年4月にアドルフ・ヒトラーは自殺し、ナチス・ドイツは事実上崩壊するのでした。

そして日本製原子爆弾もついに完成を見ることはかなわず、広島、長崎の受難を経て運命の8月15日を迎えるのです。

日本が原子爆弾開発を断念したのは、昭和天皇が「かかる残虐な兵器の開発は直ちにやめよ」といわれたからだという話をよく聞きますが、これはおそらく俗説の類いでしょう。しかし、仮にこれが真実だと仮定して、エマニュエル・トッドがいうように、日本がもし原子爆弾を持っていたら、アメリカも広島、長崎への原爆投下を断念していた可能性は非常に高く、逆説的にいえば、昭和天皇の人道主義が広島、長崎の悲劇を呼び込んだという理屈も成り立ってしまいます。

核兵器とは、こういうパラドックスを孕(はら)んだ兵器だということです。

中国に流出した日本人研究者

敗戦後、ＧＨＱは理研や京都帝大などの研究室を徹底捜索し、物理学の基礎研究に使われる円形加速器「サイクロトロン」を破壊しています。原子爆弾の開発につながるというのがその理由です。仁科博士、荒勝博士の研究資料もすべて押収されました。科学者にとって自分の研究の成果が抹殺されるということは、まさに断腸の思いであったでしょう。しかし、言い換えれば、両博士の研究がアメリカも瞠目すべき水準にあったということの証左でもあるのです。

実際、原子爆弾研究に携わっていた科学者や技術将校の何人かは、アメリカの関係者からサンフランシスコの研究所の研究員に、とスカウトの声がかかったといわれています。

それだけではありません。保阪正康のリポート「衝撃の新事実　戦時秘話　原子爆弾完成を急げ」（月刊『現代』1982年5月号）には、さらに興味深いこんな戦後秘話が明かされています。

玉音放送があった1945年8月15日から数日間、敗戦を潔しとしない小園安名海軍大佐と、それに同調する海軍将校と兵士が厚木航空基地に集結し、徹底抗戦を叫びました。世にいう「厚木航空隊事件」です。8月下旬、この厚木基地、それに立川基地から何機かの航空機がひそかに中国大陸に向かって飛び立っています。いずれの機にも若い技術将校や作戦、用兵にかかわっていた将校が乗っていたのです。その数、百数十人。

当時、中国は蒋介石率いる国民党軍と毛沢東がにらみ合いを続けている状況にありました。日本を脱出した海軍将校たちは国民党政府の支配下にある大陸奥地に入り、蒋介石を助けながら、かの地で皇国再興の狼煙を上げることを目的としていました。この将校の一団に原爆開発に携わった技術将校も含まれていたというのです。

これら多くの亡命将校は国共内戦の終結後にひそかに帰国したのですが、その後も中国に留まった一部の技術将校がいました。

1963年11月にイギリスのロイター通信がこんな奇妙なニュースを配信しています。イギリスの下院で労働党議員が次のような質問をしたというのです。

「多数の日本人原子科学者が中共に協力し、働いているという情報があるのだが、イギリスの原子力情報が日本人科学者を通じて中共に流れ、核拡散に利用されないよう日英原子力協定（日英間における原子力の平和利用に関する情報交換のための協定。1958年に発効）に規定してもらいたい」

この件に関してイギリスから日本政府に正式な問い合わせもなく、外電もベタ記事として新聞の片隅に紹介されただけでした。科学技術庁の関係者にいたっては「日本の戦中の原爆研究が中共の核開発に協力しているなんて、日本の物理学界も買いかぶられたものだ」と苦笑していたとも伝わっています。しかし、先ほどもいいましたとおり、日本の原爆研究はGHQも警戒心を抱くほどの水準にあったのは事実です。

そして、これも前述しましたが、翌年の1964年10月に中国は初の核実験を成功させています。使われた原子爆弾は日本が開発を進めていたウラン型でした。

ソ連からも核技術を引き出した中国

中国の核開発に日本の技術者が協力していたというのが保阪リポートの結論です。本書ではその可能性は決してゼロではないというにとどめておきます。

毛沢東は広島、長崎に投下された原爆の威力を知り、将来的な原爆保有を熱望していました。１９４９年8月にソ連が初の原爆実験を成功させると、毛沢東はスターリンに原爆開発に関する技術供与を打診しますが、当然ながら、ソ連側はこれを拒否しています。

その後、朝鮮戦争が勃発し、自由主義陣営対社会主義陣営の図式が明確になると、これを盾に中国の核武装の必要性を執拗に説き、中国の物理学者・銭三強をモスクワに送り込もうともしました。銭三強はフランス留学時にあのキュリー夫人の娘であるイレーヌ・ジョリオ・キュリーと、その夫のフレデリック・ジョリオ・キュリーのもとで原子物理を専攻しており、中国におけるこの分野の先駆者でした。夫人の何沢慧もドイツで学んだ原子物理学者で、二人合わせて中国原水爆の父、母と呼ばれています。

ちなみに中国は１９５４年に一江山島に人民解放軍を送り込んで占拠し、第1次台湾海峡危機を引き起こしていますが、この背景には再びアメリカとのあいだに緊張を呼び起こし、ソ連に原爆製造の有効性を認めさせる意図もあったのです。これによって中国はソ連から原子炉建設における技術協力をせしめています。

翌１９５５年に広西省で大量のウランが確認されて原爆保有を夢見る毛沢東を勢いづけさせ、毛沢東は「核開発12年計画」をぶち上げるのです。

１９５３年にスターリンが死去。１９５６年にニキータ・フルシチョフによるスターリン批判が始まると、これをめぐって社会主義陣営を二分する騒動となりました。毛沢東は当初、旗色を鮮明にはしないことで、孤立を嫌って是が非でも中国を味方につけたいフルシチョフから核開発の技術供与を引き出すことに成功したのでした。このように相手の足もとを見て狡猾に交渉していくことに関しては、毛沢東および中国共産党はある種、悪魔的な才を発揮します。のちにこの大恩あるフルシチョフを批判して中ソ対立に持ち込んだのも毛沢東ですし、中ソ対立を利用してアメリカ、日本に接近して丸太りしたのも毛沢東（と周恩来）でした。

1956年にモスクワ郊外のドゥブナに中ソを中心に社会主義国11カ国が共同出資するかたちで「合同原子核研究所」が開設され、朱洪元、胡寧、王淦昌ら130人近くの中国人科学者がこれに参加しています。しかし、1959年6月、いま触れた中ソの関係悪化にともない、ソ連は中国への原爆開発関係資料の提供を正式に拒絶し、中国科学陣も帰国を余儀なくされてしまうのです。

銭三強の「両弾一星政策」と日本人

それにもめげず、毛沢東と周恩来は「両弾一星政策」なるものを推進していました。これは核開発のための一大プロジェクトで、そのメンバーの多くが西欧留学の経験を持つ理系エリートでした。

「両弾」とは原爆と水爆および大陸弾道弾ミサイルのこと。「一星」は人工衛星を意味します。この「両弾」の筆頭責任者が銭三強でした。「両弾一星」プロジェクトのメンバーには銭学森（せんがくしん）のようにアメリカのマンハッタン計画にかかわった人物もいます。

このように中国は核開発を周到に進めていましたから、その過程で日本の原爆開発にかかわった元技術将校を引き込んでいたことも十分に考えられます。もちろん、それらの人たちも中国名を名乗り、日本人であることは伏せて生活していたでしょうから、詳細に関しては不明といわざるをえません。もしかしたら「両弾一星労勲章受章者」22人のなかに、その日本人がいたかもしれません。

前述のとおり、中国は１９６４年10月16日に初の原爆実験（ウラン型）に成功しています。場所はいわゆる新疆ウイグル自治区のロプノールの砂漠です。この地域はその後の度重なる中国の核実験によって土壌が放射能汚染されており、難病の多発地帯となっています。ウイグルというと、ようやく近年、恐ろしい強制収容所や強制労働の実態が知られるようになりましたが、この放射能禍についても決して忘れてはなりません。

ちなみに実験があった10月16日は、中国の核開発の最高の殊勲者である銭三強の51回目の誕生日でした。毛沢東の銭三強に対するプレゼントの意味もあったでしょう。

中国初の原爆がウラン型だった意味

中国初の原爆がウラン型だったということにも注目したいものです。この時点で中国は水爆の保有を視野に入れていたことが推測できます。水素爆弾の最初の核分裂にはプルトニウムよりウランが効果的だからです。

案の定といいますか、最初の原爆実験からわずか2年8カ月後の1967年6月、同じロプノールで中国は水爆実験を成功させています。このときの実験クルーのチーフは、やはり銭三強でした。

銭三強と夫人の何沢慧は文化大革命で一時失脚し、下放（再教育と称して農村に送られる）も経験しますが、その後、復権し、中国科学技術協会副会長、中国物理学会会長、中国原子力学会名誉会長などを歴任しています。

失脚の理由は明らかにされていませんが、もとよりそれは大した問題ではないかもしれません。学者、教授、教師という要職は誰でも吊るし上げの対象になった狂気の時代だったのです。あのアインシュタインの『相対性理論』さえ、「ブルジョア学術権威における唯心主義」といって批判の対象になったほどでした。一説によると、周恩来は銭夫妻の研究を高く評価し、文革の最中でも彼らに累がおよばぬようさまざまな便宜を図ったといわれています。その周恩来の計らいにも限界があったということです。

中国とほぼ同時に始まった北朝鮮の核開発

中国の核開発について触れた以上、北朝鮮の核開発にも目を向けないわけにはいきません。北朝鮮は金正恩の御代(みよ)となり、原子爆弾に次いで水素爆弾の実験に成功し、ＩＣＢＭまで完成させてしまいました。

残る課題は弾頭の小型化です。これには高度な技術が必要となりますが、ここ数年の北朝鮮の核開発のスピードから見て時間の問題といえるかもしれません。そうなれば北朝鮮の独裁者はボタンひとつで遠くアメリカにまで水爆を撃ち込むことが可能になるのです。北朝鮮は弾道ミサイルの迎撃実験にも成功しています。

北朝鮮の核開発は金日成の存命のころから行われていました。金日成が北朝鮮の科学研究の中枢機関である科学院（朝鮮民主主義人民共和国科学院）に原子核物理学研究所を新設したのは1955年。朝鮮戦争休戦からわずか2年後のことです。その翌年の1956年9月にはソ連とのあいだで「原子力の平和利用に関する協定」を結び、この協定にもとづいて毎年30人の技術者をモスクワに派遣し、研修させています。

中国と北朝鮮の核研究はほぼ同時期に始まっているわけです。北朝鮮は中国にも技術者を派遣しています。金日成は中ソ両国の核技術を習得させようとしたのです。1950年代だけで約2000人の科学者がなんらかの核技術を学んで帰国したといいます。その後の中ソ対立で北朝鮮の核研究も一時停滞するのですが、そのことが、むしろ中ソどちらにも多くを依存しない独自の核開発路線へと彼らを向かわせることになりました。

「核の平和利用」を訴えた科学者たちの思惑

じつは北朝鮮の核開発に関しては、日本もまったく無縁とはいえないのです。まず、前述した陸軍嘱託の仁科博士の研究グループには当時は「日本人」だった朝鮮人の理系技術者が何人かいたことが確認されています。日本の敗戦後、母国に帰った彼らが原子物理学に関する基礎知識と、核兵器開発の基本技術を金日成にレクチャーしたのは間違いないでしょう。

それだけではありません。伏見康治(ふしみこうじ)という帝大出身の核の専門家がいました。現在、京大にある原子炉実験室は彼の指示によって建設されたものです。伏見はアインシュタインの相対性理論をわかりやすく解説し、科学好きの少年の必読書ともいわれたジョージ・ガモフの『不思議の国のトムキンス』の翻訳でもっとに知られています。ちなみにガモフはソ連時代のウクライナの出身です（のちにアメリカに亡命）。

その伏見ですが、何度も北朝鮮に渡って講演や技術支援をしているのです。名目は「原子力（核）の平和利用」の協力です。

核の平和利用――この言葉は1979年のアメリカのスリーマイル島の原発事故を発端に、世界的な反核ムーブメントが起きるまで科学界の合い言葉の感がありました。日本初のノーベル賞受賞者である湯川秀樹博士もこの言葉の信奉者でした。人類に多大な被害をもたらす核エネルギーも使い方によってはバラ色の未来世界をつくる原動力になる。そう人々に信じられていた時代もあったのです。

永井隆という長崎医科大学（現・長崎大学医学部）出身の医学博士がいました。ご自身も被爆され、白血病となりながら放射線治療の研究に短い生涯を捧げられた人です（享年43）。この永井も一貫して「核の平和利用」を訴えていたひとりです。ここらへんは近年のファナティックな反核運動家とは対極にある人でした。映画にもなった『長崎の鐘』や『この子を残して』の原作者としても知られています。

中国に利用された「原子力村」の善意

伏見博士や湯川博士、永井博士のそういった理念を引き継いだ将来有望な理系エリートの卵たちが東大工学部などで原子工学や原子物理学を学び、日本の原子力発電開発の先頭に立ったのです。福島原発事故の際に原子力安全委員会委員長だった班目春樹（まだらめはるき）をはじめ「原子力村」と批判された人たちです。

現在は唯一の被爆国である日本が脱原発の推進者にならなくてはならない、というもの言いがメジャーなものとなっていますが、伏見博士や湯川博士が第一線で活躍した時代は、「被爆国である日本こそが核の平和利用の先頭ランナーたれ」と、良心の科学者たちが理想に燃えていたのです。仁科博士にしても、いまはもう朝鮮に帰った、かつての研究所の教え子や同僚から「わが国の核の平和利用研究のために、どうかご協力を」といわれれば、それを断る術（すべ）はなかっただろうと察します。ひいてはそれが人類のためになると信じていたのです。

いわば日本の科学者の良心と善意が利用されたかたちですが、国際社会では往々にしてこういうことがあるものです。そもそもをいえば、中国という怪物を育て上げたのも日本やアメリカのさまざまなカネ、モノ、技術でした。西側が率先して援助して中国を経済的に発展させれば、おのずと民主化も進むはずという淡い期待をアメリカも日本も抱いていたのです。結果的にいえば、GDP世界第2位の強大な独裁国家を日本の隣につくりあげただけでした。

ソ連崩壊で漏れ出した北朝鮮の核技術

1991年のソ連邦崩壊後に元KGB（国家保安委員会）の関係者などが関係資料を公開した関係で、ソ連に関するものはむろんのこと、鉄のカーテンの向こうにあった東側の情報が次々と明らかになってきました。当然ながら、それには北朝鮮の核開発に関する情報も含まれています。

ソ連時代からいまも続く軍の機関紙『赤い星』（クラスナヤ・ズヴェズダ）が1961年の原子力潜水艦K－19の原子炉事故を認め、全容を明らかにしたのは1992年12月になってからのことです。K－19はソ連発のSLBMを装備した原子力潜水艦で、1961年7月にグリーンランド付近の北大西洋上を航行中に、原子炉冷却システムにトラブルを生じて冷却水が噴出し、作業員8名が致死量の10倍近い放射能を浴びて死亡する惨事を引き起こしました。ソ連はそれを30年以上も隠蔽していたことになります。

『赤い星』ほど日本では有名ではありませんが、各軍管区にもそれぞれ機関紙があり、そのうち極東軍管区の機関紙は『太平洋の星』（ティヒャンカスカヤ・ズヴェズダ）といいます。

この機関紙の平壌支局長をやっていたという男の息子——彼は素性を明らかにしませんでしたが、おそらくは元KGBの関係者で、ウクライナ人と思われます——が北朝鮮の核開発に関する情報を当時、私が所属していた公安調査庁に売り込みに来ていました。ソ連から北朝鮮に派遣された技術者の集合写真や、彼らが居住していた建物の写真、さらにソ連が提供したミサイルに関するものなど、当時、われわれが喉から手が出るほど欲しかった資料ばかりがテーブルの上に並んだのです。資料の信憑性も高かった。

体制が崩壊してカオスの状況になると、必ずこのような感じで情報を切り売りして私腹を肥やす者がいるものです。おそらく中国共産党が瓦解したあとも同様のことが起こるでしょう。プーチンがリーダーになるまでは、ソ連のこの手の貴重な資料を安く手に入れることができました。プーチン自身が元KGB諜報員ですから、情報管理にはうるさくなった。漏らした者には処刑も辞さなかったでしょう。逆にいえば、ロシア共和国もプーチンが登場するまでは国の体をなしていなかったということになります。

「隣国を援助する国は滅びる」

ＫＧＢの話が出てきたので、ついでに――。

ソ連はＮＰＴを結んでいて、共産主義圏内の核拡散の統制役を任じ、北朝鮮もその統制下にありました。しかもソ連の場合、核兵器の開発にも使用についても決定権を握っていたのはＫＧＢです。なぜなら、アメリカから核の技術を盗み出したのが、ほかならぬＫＧＢだからというのがその主な理由です。以来、核兵器の開発と保管はＫＧＢの所轄となりました。

北朝鮮が１９７４年にＩＡＥＡに加入し、１９９２年に兵器転用可能な核の開発をさせないための核査察――「包括的保障措置協定」を受け入れたのもソ連、ありていにいえばＫＧＢからの指示でした。ＩＡＥＡに加入しないと今後、いっさいの核技術支援もしないと厳命されたのです。

しかし、１９９３年に北朝鮮がＩＡＥＡの査察を拒否したことで、核開発疑惑が一気に高まりました。果たして北朝鮮は核兵器の材料となるプルトニウム２３９を多く生産できる黒鉛炉を建設中だったのです。同年、北朝鮮はＮＰＴ、そしてＩＡＥＡからの一方的な脱退を宣言しました。北朝鮮のこの理不尽かつ強気の姿勢はソ連が崩壊し、強力なお目付け役がいなくなったことに連動しています。

これに激怒したアメリカですが、黒鉛炉の開発を凍結することを条件に、プルトニウム生産には適さない軽水炉の提供を含む「枠組み合意」を北朝鮮とのあいだに結ぶことになります。

この流れによって1995年につくられたのがKEDO（朝鮮半島エネルギー開発機構）で、設立にあたっては日本も多額のお金を拠出しています。その後も北朝鮮はひそかに独自の核開発を進め、それが発覚しそうになるとゴネるようにして新たな見返りを求めてきました。すべてが北朝鮮の時間稼ぎだったのです。

独裁国家に善意は通じないし、彼らに良心を期待しても裏切られるだけ、ということです。「隣国を援助する国は滅びる」とはニッコロ・マキャベリの言葉ですが、日本もこれを教訓にしなければなりません。

韓国の核保有を画策した朴正熙

「唯一の被爆国」という謳い文句をよりどころに一国平和主義という淡い夢を抱いているあいだに、わが国を取り囲むソ連、中国、それに北朝鮮といった一党独裁国家は着実に核保有国への道を歩んできました。独裁国家ではありませんが、アジアということでいえばインドやパキスタンも核保有国です。日本の近海では核を積んだ潜水艦がウヨウヨしていることでしょう。それらの国に「わが国は唯一の被爆国です」と訴えたところで、「それがどうした？」と鼻で嗤われるのがオチというものです。

　アジアということでいえば、韓国もまた核保有を画策し、動いていたという過去があります。ほかでもない、朴正熙（パクチョンヒ）軍事政権の時代です。朝鮮戦争を経て韓国は「反共の砦（とりで）」としてアメリカの庇護（ひご）下にありました。「反共の砦」というポジションは、アジアの赤化を恐れる日米からのさまざまな援助という恩恵も生みましたが、実質的にはアメリカの従属国にわが身を置くことを意味します。

　朴正熙大統領はアメリカにも、むろん中国にも従属しない自主独立の国家を目指していました。どうしたら自主独立国家たる大韓民国を築けるか。朴正熙の結論は核兵器の保有です。

アメリカの従属国ということでいえば、アメリカの核の傘の下に安泰を決め込む日本も同じなのですが、軍人でもあった朴正熙は38度線で敵国と接している国のリーダーとして世界情勢を見るリアルな目を持っていました。

　ベトナム赤化統一や米中国交樹立で切り捨てられる台湾を教訓とすると、いつか米軍が韓国から撤収する日もあるかもしれないと覚悟していたようです。「アメリカが出ていくなら自力で核を持つ」とまで公言しています。あくまでこれはアメリカに対する牽制の意味が強かったのかもしれません。しかし、こうした発言はアメリカの疑心を呼び、眉をひそめさせるだけだったようです。

朴正煕はアメリカに暗殺された

業を煮やした朴正煕は、ついに独自の核開発に乗り出しました。1976年にカナダからプルトニウム生産可能な重水炉CANDU（CANadian Deuterium Uranium）を輸入しようとしたり、あるいはフランス製の再処理施設を建造する計画を立てたり、アメリカその他に留学していた韓国の原子物理学の留学生、学者を帰国させ、一大プロジェクトを始動させたのです。

韓国のこの不穏な動きを最初に察知したのはアメリカで、国防総省副次官（アジア太平洋安全保障担当）も務めたリチャード・ローレスです。ローレスはCIA（アメリカ中央情報局）のメンバーでアジア通として知られていた人物。韓国語（朝鮮語）にも堪能で、北朝鮮の核開発を最初に注視したのも彼でした。北朝鮮の核放棄に向けた米、日、中、露、韓、朝のいわゆる「6者会合」に彼は国防総省副次官としてかかわっており、いうなればアジアの核監視のオーソリティといえます。

ローレスはCIAの要員として韓国に駐在中、アメリカから帰国した韓国の学者たちを捕まえてあの手この手で籠絡し、プロジェクトの全貌を掌握すると、一部始終を本国に打電したのです。

そして1979年10月に朴正熙にまさかの暗殺事件が起きます。側近たちとの秘密パーティの席で、子飼いだったKCIA（大韓民国中央情報部）部長・金載圭（キムジェギュ）によって射殺されてしまうのです。

当時、金載圭は激化する学生運動の鎮圧をめぐり、朴正熙から「もたもたするな」とたびたび叱責を受けており、暗殺自体は出世の道から外されたと思い込んだ金載圭の自暴自棄の犯行だともいわれましたが、事実はそんな単純なものではなかったのです。

金載圭は朴正熙に銃を向けた際、「閣下、死んでいただきます。私の後ろにはアメリカがいます」といったといわれています。金載圭は事件後に国防部で臨時閣僚会議を招集し、同じく「私のバックにはアメリカがついている。私と一緒に民主国家をつくろう」と呼びかけたといいますから、これは事実でしょう。金載圭が朴正熙に対して私怨を抱いていたのはたしかですが、その彼を焚（た）きつけて銃を握らせたのがCIA、つまりアメリカだったということです。

アメリカとしては、自分たちに内緒で核開発をしようとしている朴正熙は危険人物にほかならず、なんらかのタイミングで消す（失脚、暗殺）必要を感じていたのでしょう。金載圭がCIAからどのような鼻薬を嗅がされていたかはわかりませんが、ひょっとしてアメリカの後ろ盾で自分が大統領になれると思っていた可能性もあります。

韓国版「本能寺の変」を演じた暗殺犯

伊藤博文、ジョン・Ｆ・ケネディ、それに最近では安倍晋三元総理と、歴史的な暗殺事件には謎が残るものが多い。いずれも狙撃者の位置と実際の銃創の角度から真犯人は別にいるのでは、という疑問が提示されました。金載圭の場合も使われた銃が護身用のワルサーだったことから、計画性の薄さを指摘する声もあります。いやしくもＫＣＩＡのトップたるもの、事前に殺害を計画していたらもっと殺傷能力の高い銃を使うだろうというのがその理由です。むしろＫＣＩＡというスパイ組織のボスが発作的に大統領殺害などという大それた犯罪に走るほうが不自然と見るのが普通ではないか。

私は朴正熙暗殺事件は「本能寺の変」に類似性を感じます。暴君な殿様に仕える明智光秀が金載圭です。光秀も織田信長から満座の席で打擲を受けたことに恨みを持っていたといわれますが、果たして、それだけの理由であの挙に走ったのだろうか。彼の謀反劇には黒幕がいたという説は古くからあります。歴史ミステリーでは羽柴秀吉や足利義昭の名前が定番として挙がるようですが。

また、光秀は敬虔な仏教徒でした。その彼に比叡山焼き討ちを命じたのは、いうまでもなく信長です。同じく学生運動鎮圧を命じられていた金載圭ですが、彼はむしろ民主化を求める学生たちに同情的だったといいます。こういうところにも両者の類似性が見えてくるのです。

信長を討ち、天下を思った光秀は、まさかの中国大返しの秀吉勢に征伐されてしまいます。金載圭も犯行の翌日、まったくのノーマークだった全斗煥（チョンドゥファン）の手の者によって逮捕され、命運を断たれました。三日天下ならぬ二日天下でした。そして天下は金載圭を討った全斗煥の手に落ちたのです。全斗煥は朴正煕の跡を継ぎ、第11代大統領の座につきました。

金載圭の背後にアメリカがいて朴正煕暗殺の引き金を引かせたとして、全斗煥はその筋書をあらかじめ知っていたのだろうか、つまり全斗煥もクーデター劇に一枚嚙（か）んでいたのか、それはいまのところ謎といえます。ひとついえるのは光秀も金載圭も到底、天下人（てんかびと）（大統領）の器ではなかったということです。

北朝鮮にまんまと騙されたジミー・カーター

朴正煕暗殺事件が起きたとき、アメリカの大統領はジミー・カーターでした。カーターといえばアメリカ民主党を象徴するようなリベラル・ハト派と一般には認識され、とても他国の要人暗殺に関与するイメージはありませんが、そこはアメリカの大統領、やるときはやるのです。事実、彼が朴正煕の核開発疑惑に関して怒り心頭になっていたのはよく知られています。

私は朴正煕暗殺事件の少し前、大阪の韓国総領事館に勤める軍人出身の領事から、「最近、閣下（大統領）の顔色がすぐれなくて」としきりにいわれたことを記憶しています。おそらく朴正煕もアメリカの怒りは承知だったでしょう。CIAを通じてなんらかの警告を受けていた可能性もある。それが己の死を予見するものだったかは定かではありませんが。そういえば、暗殺現場のパーティに同席していた沈守峰（シンスボン）という女性歌手も、「閣下は実際の年齢よりずっと老けて、やつれたように見えた」と証言しています。人はそれを「死相」と呼ぶのかもしれません。

そのカーターですが、退任後の1994年にアメリカの大統領経験者として初めて北朝鮮を訪問し、北朝鮮の核開発凍結を謳った前述の米朝枠組み合意を取り決め、軽水炉と石油の無償提供を約束しています。しかし、その後も北朝鮮は核開発を秘密裏に進めており、結局、アメリカ側が騙されただけで終わりました。2003年に合意は完全決裂しますが、その間、北朝鮮は毎年50万トンの原油をアメリカからせしめています。まさに、やらずぶったくりです。

北朝鮮には右のごとき大甘な態度で臨んで結局、核開発のための時間稼ぎを許し、一方、同盟国である韓国の大統領には誅殺（ちゅうさつ）をもってしてまで核開発を阻止させるカーターも、思えば理不尽な男といわざるをえません。まあ、朴正熙にとっては時代が味方しなかったということにつきるでしょう。

敗戦国でも核保有ができる「二重鍵」方式

ちなみに朴正熙政権の核開発の情報を本国に送り、暗殺への道を開いたCIAのエージェント、リチャード・ローレスですが、『Wedge』2020年12月号に「核保有国の北朝鮮と日本――INFオプション」と題した記事を寄稿し、日本にINFをアメリカとの共同管理で持つことを促しています。

INF（Intermediate-range Nuclear Forces）とは中距離核戦力と翻訳できるでしょう。中距離とは射程500～5500キロメートルの核搭載可能のミサイルのことです。アメリカ製ミサイルでいえばパーシングⅡ（射程約1800キロメートル）、トマホーク（射程約2500キロメートル）がこれにあたります。この射程なら、たとえ日本から飛ばしてもアメリカに着弾する可能性はないわけです。「共同管理」というのは安倍元総理が提案した「核シェアリング」と同義なのはいうまでもありません。

あくまで保有、管理と発射の権限は日米が共同で持つ（「二重鍵」方式）という前提ですが、事実上の日本の核保有の容認を意味します。これを元国防総省副次官の要職にあった人物が提言したということはとても重要なことです。天国の朴正熙はこれを知って、さぞ歯ぎしりしていることでしょう。これも時代の流れといえます。

ちなみに、この「二重鍵」方式にもとづいてアメリカ製の戦術核弾頭を配備している国は、ドイツ、イタリア、ベルギー、オランダで、その弾頭の総数は200基あまりになります。ドイツ、イタリアはいうまでもなく日本と同じ第2次世界大戦の敗戦国です。日本の核シェアリングに関して論理的な障害はないといえます。

ただし、この話には前段があります。北朝鮮が液体燃料使用の中距離弾道ミサイル「ノドン」から固体燃料を使った次世代型ミサイルへと転換したことで、移動式発射装置から短・中距離ミサイルの発射が可能になり、日本（と日本に駐留している米軍）がさらされている脅威が格段に拡大したこと、将来的に北朝鮮主導の南北統一、あるいは韓国の北朝鮮への接近が避けられぬものとして、米韓同盟の終焉（しゅうえん）が視野に入ったことをローレスは挙げています。

つまり、アメリカは完全に韓国を見かぎっているということです。もはや韓国は緩衝地帯でも防波堤でもなく、事実上の軍事境界線は日本海にあるのだという確認を暗に日本に突きつけたかたちです。同時にアメリカの核の傘をあてにされても限界があるよ、という意味にも取れます。

もしこの二つの隣国（中国と北朝鮮のこと＝引用者注）の脅威に対する米国の抑止力が弱体化していくことを日本が少しでも認識することになれば、今後数年以内に日本が核の専門知識を生かし、必要な行動に出るという決断に舵を切る可能性は大いにあり得る。たとえ可能性が低いとしても、日本が核兵器保有国になるというシナリオが考えられるということを米国は認識し、計画立案していくべきなのだ。（前出『Wedge』）

「統一朝鮮」の仮想敵国は日本である

ローレスは南北朝鮮が歩調を一にしたとき、彼らが第一の仮想敵国とするのは日本であるとも明言しています。また、中国による台湾海峡の不穏な動きが日々活発化しているのは周知のとおりです。いつ、人民解放軍の台湾侵攻が始まってもおかしくない緊張状態にあります。台湾有事は、すなわち日本有事にほかなりません。日本が攻撃を受けた場合、初動数分が運命の分かれ道だといわれています。もし、なんらかの事情でアメリカのアクションが遅れた場合、日本自身が強烈な自衛力でこれに対抗しなくてはいけません。

ローレスは記事のなかで、〈通常弾頭と核弾頭を搭載する日米同盟に基づくINFシステムの存在は、新朝鮮（北の核能力と南の経済力を兼ね備えた統一朝鮮＝引用者注）や北朝鮮の意思決定者のあらゆる疑念を消し去ることになるだろう〉としながらも、〈日本において核弾頭を搭載可能なINFシステムを配備し運用する限り、日本が日米同盟の枠組み外で、自ら核戦力を配備するという独自路線を歩む可能性はなくなるだろう〉ともいっています。

後者はアメリカとしての本音の部分でしょう。あるいはアメリカ政府に対してローレスなりの日本の核シェアリングの正当性の説得と読み解くこともできます。つまり、核シェアリングをすることで、日本がかつての朴正熙韓国政府のような独自核開発に向かう可能性はむしろ低くなるといっているのです。

ローレスのこの主張に対しては日本からもさまざまな反応があることでしょう。しかし、複雑化する極東情勢を前にして、「是が非でも日本に核は持たせない」から、「核共有までなら求めていい」へとアメリカの意識が転換しつつあるのは事実のようです。

第4章

誰が日本の核保有を阻んでいるのか

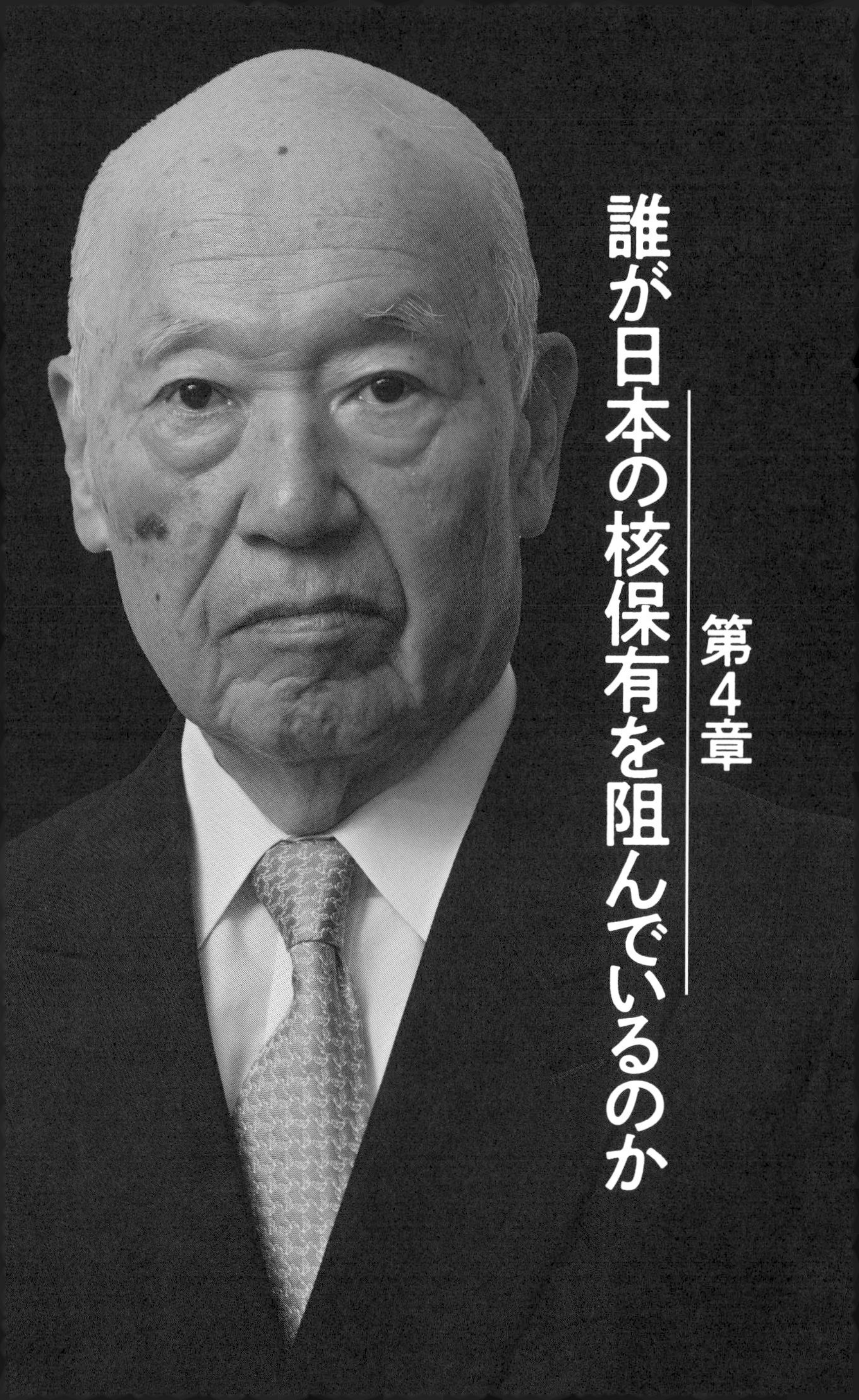

「日本はすぐに核兵器をつくれる」のウソ

では、日本が令和の現在、自前で核兵器をつくることができるかといえば、現実的に考えた場合、そう簡単なことではないというのが私の判断です。よく、「日本がその気になれば、核爆弾の一つや二つは半年でつくれる」という人がいますが、希望的意見にすぎないと思います。

先にも記したとおり、日本は戦時中、同時に原子爆弾（ウラン型）の研究を進めており、その研究資料を見たGHQを驚かせたのは事実です。しかし、それは自分たちが極東の島国に住む有色人種がここまでやるのかという驚愕と恐れの念に近かったというのが正しいと思います。このまま放っておいたら、こいつらは何をつくるかわからないとGHQが警戒したのも事実でしょう。日本を二度とアメリカに歯向かわせてはならないというのが先の大戦で彼らが得た教訓でした。戦後のGHQ主導による自虐教育はこうして進められてきたのです。

付け加えるなら、日本の原爆研究はあくまで机上のものに終わっていて、実際に原爆を完成させるまでにはいたっておりません。

その理由の一つ目は、実際に核兵器を完成させるには机上の計算のほかに、さまざまな実証データの蓄積が必要であることです。

インドは中国に対抗して１９７４年に核実験を成功させ、６番目の核保有国になりました。アジアでは2番目の核保有国です。そのインドですが、現在、ＩＴ関係の優秀な技術者を世界に輩出していることでも知られています。応用科学や高等数学の部門では最高峰の頭脳を多く抱えるのがインドなのです。さすがは０（ゼロ）という概念を発見した民族だと思います。

当然、原子物理学の分野でも人材は豊富で、多くはケンブリッジやオックスフォード、ＭＩＴ（マサチューセッツ工科大学）などを首席クラスで卒業した科学エリートです。それらの大学で教鞭（きょうべん）を執っているインド人教授も少なくありません。その優秀なインドですら、１９６７年に核兵器の研究を始め、核実験を成功させるまで7年かかっているのです。

パキスタンもアブドゥル・カディール・カーン博士という技術者の優秀なリーダーを抱えながら核開発に26年を費やしました。机上の計算だけでは核兵器はつくりだすことはできないのです。

輸入に頼っている日本のプルトニウム確保

二つ目は核兵器に必要なウランやプルトニウムの確保の問題です。別章でも述べたとおり、戦中の陸海軍の原爆開発は濃縮に必要なだけのウランの確保ができず、中絶を余儀なくされました。

現在、日本の原子力発電所から排出される使用済み核燃料から取り出して保有するプルトニウムの量は、国内外で約46トンにのぼります。国内外というのは一部の再処理をフランスやイギリスに委託しているからです。保有量約46トンといえば、中国が軍事用に持っていると推定される量の10倍以上。核兵器の数に換算すると数千発分に相当するといわれています。

これだけのプルトニウムがあれば、日本も実質上の核保有国ではないかと胸を張れるかとなると、そうもいかないのです。日本はＮＰＴの批准国ですから、当然のことながらＩＡＥＡの査察を受けており、兵器級のプルトニウムやウラニウムをつくることを厳しく制限されています。だから、その条約に入っているかぎり、独自の力で原爆をつくることは不可能といっていいでしょう。

むろん条約から抜けるという選択肢もありますが、アメリカはこれをもって日本の裏切りとみなし、すぐさま何かしらの制裁をかけてくるでしょう。ヨーロッパもアメリカの動きに呼応するはずです。

日本人の一部には、ＮＰＴを恐ろしい核兵器を地球からなくすための平和主義的な条約だなどと解釈している「お花畑」な人もいるようですが、実態は現在ある核保有国で核を独占するための条約にすぎないのです。核不拡散だの軍縮だの、一見、平和的な言葉で糖衣されている条約や会議に関しては、その裏の思惑を注視しなくてはいけません。1921年のワシントン軍縮会議が結局、日本の海軍力を抑え込むためのものだったというのがその好例です。

ちなみに核保有国であるインド、パキスタン、あるいは核保有が濃厚といわれているイスラエルはNPTに加盟していません。北朝鮮が脱退したのはご存じのとおりです。

福島第一原発事故が日本に与えた損失

核兵器とくれば、次は原子力発電所です。

本来、日本の原発技術はかなり高水準にありました。別章でも触れましたが、戦後、核の平和利用の理想に燃えて、多くの原子物理学の専門家が原子力村に集まったからです。

しかし、東日本大震災での福島第一原発事故の影響で多くの原発が稼働を停止してしまいました。政府は現在、10基の原発を再稼働させ、2023年夏をめどに、さらに7基の原発を再稼働させる計画ですが、それに対して相も変わらぬメディアの煽動(せんどう)による「原発＝危険」「再稼働反対」の声がやかましい。エネルギー事情を考えますと、一刻も早い再稼働が待たれます。

そもそも震災時にメルトダウンを起こした福島第一原発のマークI型原子炉は日本製ではなく、アメリカのGE（ゼネラル・エレクトリック）社製です。この原子炉は敗戦国・日本が押しつけられて導入したかたちでした。しかも事故自体は直接の地震を原因とするものではなく、ご存じのように、津波によって冷却用の電源が破損したためでした。さらにいえば菅直人総理が「自分は原子力の専門家だから」としゃしゃり出てきて現場に口出ししたために事態を悪化させたことは否めず、人災の側面もある大惨事でした。その分、決死の注水作業に挑んだ自衛隊と、最後まで現場を放棄しなかった原発職員の活躍には、ひたすら頭が下がる思いです。

それはさておいて、この事故によって日本人の原発アレルギーがさらに進んでいったのは事実でしょう。風評被害も含めて日本と福島が被った損失は計り知れないものがあります。

私が危惧するのは原発関係の技術の損失です。原子力のような特殊な技術を必要とする分野では、10年の停滞（東日本大震災は２０１１年）はその３倍の遅れを意味します。その間に技術者の海外流出も起きていることでしょう。

かつて核兵器技術でトップを走っていた東芝

日本の原子力事業では東芝と日立製作所がトップを争っていました。

とくに東芝は２００６年にＢＮＦＬ（イギリス核燃料会社）からウェスティングハウス・エレクトリックの買収に成功して加圧水型原子炉の技術を手に入れ、従来の沸騰型原子炉と併せ、一時は原子炉システム製造の世界3大メーカーのひとつとまで呼ばれていました。しかし、2000年代に入って次々と不祥事や不正が発覚して経営が悪化し、さまざまな部署を切り売りすることになったのは周知のとおりです。

そして2017年に子会社WEC（ウェスティングハウス・エレクトリック・カンパニー）がアメリカ連邦破産法11条（日本の民事再生法に相当）の適用を申請し、事実上の倒産の憂き目にあうのです。負債総額は約98億ドルといわれています。

かつて「世界の」と冠がついていた時代、東芝は核兵器開発の技術に関しても日本ではいちばん手の届く位置にあったというのは知られざる事実でしょう。同社が日本政府と古くから癒着していることはよく知られています。

これはいまだから語れることですが、北朝鮮が核実験に成功し、その脅威が可視化されたころ、防衛庁の技術研究所に東芝の技術責任者が呼ばれ、核兵器開発についての技術に関するレクチャーが行われているのです。そのときの結論は、条件さえそろえば（核兵器開発は）十分に可能というものでした。

それからすでに10年以上がたちました。もはや東芝は昔日の面影さえなくなっています。核技術をはじめ、さまざまな技術は四散してしまい、海外に渡ったものも少なくありません。

東芝凋落を招いた戦犯

東芝の凋落を招いた張本人は、第13代社長の西室泰三だといわれています。

西室は東芝の代表取締役社長のほか、角川書店（現・KADOKAWA）社外取締役、東京証券取引所取締役会長、日本郵政取締役兼代表執行役社長、ゆうちょ銀行取締役兼代表執行役社長などを歴任し、「肩書コレクター」と異名を取るほどの名誉欲、権威欲の持ち主でした。東芝社長を退任後も会長職、相談役に長くつき、院政を敷いて社長職を含む人事に権勢を振るってキングメーカーを自任していましたが、結果的にはこういった独裁が東芝をして時代の波から取り残される原因をつくってしまったのです。

もっとも、それ以前に西室、というか、東芝はアメリカからにらまれていたふしがあります。それについては少し説明がいるでしょう。

西室は英語に堪能で、入社してしばらくして東芝のアメリカ現地法人である東芝アメリカ社の立ち上げにかかわり、日本とアメリカで電子部品の営業として実績を積んできました。アメリカに食い込むことで出世街道を進んだわけですが、実質的な経営能力に関してははなはだ疑問符の残る人物です。

つまり、コネづくりの才はあるものの、事業家としての商才はまったくといっていいほど欠けていた人物なのです。しかし、いまいったコネづくりのうまさ、当たりのよさもあってか、なぜか日本政府は彼を過大評価していて、２０１２年の郵政民営化の際に取締役に声をかけたという経緯があります。すでにバブルは弾けて久しかったのですが、ここらへんから日本経済はステージ4の深刻な病状に入っていったと思わざるをえません。

アメリカの逆鱗に触れた東芝

時を遡って１９８７年、東芝はアメリカの逆鱗(げきりん)に触れる事件を引き起こすのです。それが世に名高い「東芝ココム違反事件」です。ココム（ＣＯＣＯＭ）とは対共産圏輸出統制委員会のこと。すなわち軍事転用可能な技術、戦略物質の共産主義国への輸出を規制する委員会で、日、米、英、仏、独など17カ国が加盟しています。

日本は家電の技術に関して、いまも当時も世界一を誇っていますが、その技術のなかには軍事転用に可能なものもたくさんあるわけです。たとえば扇風機。日本製の最新の扇風機は回してもほとんどモーター音がしません。これを応用すれば音がしない潜水艦のスクリューをつくることが可能です。現に日本の潜水艦はスクリュー音がまったくせず、ソナーで探知されにくいことから「ニンジャ」の異名を取っています。これを原子力潜水艦に採用すれば鬼に金棒。冷戦時代の共産国からすれば喉から手が出るほど欲しい技術なのでした。

しかし、東芝はこのスクリュー技術と工作機械を子会社、またその下のダミー会社を通してひそかにソ連に売っていたことが発覚したのです。まさに西室が東芝アメリカ社の代表だった時代の出来事でした。ソ連の原子力潜水艦はこれによって性能を著しく向上させることになります。ただ、幸いなことに現在のロシアにおいても、まだ完全無音のスクリューの完成にはいたっていないようです。

東芝がアメリカに隠しておきたかったこと

当然ながら、これは外交問題に発展し、時の中曽根内閣は田村元（たむらはじめ）通産大臣をアメリカに派遣して正式に謝罪しています。同時にアメリカにおける東芝の信用も失墜しました。

しかし、このスクリュー問題は、じつのところダミーだったのです。大きな罪がバレるのを懸念し、それを隠すために小さな罪をリークしてアメリカの怒りを最小限に抑えようとした東芝の浅知恵でした。結果的にそれもアメリカにはお見通しだったわけですが。

では、東芝はいったい何を隠しておきたかったか。じつをいえば当時、最先端のコンピュータをひっそり東ドイツに輸出していたのです。その技術はソ連に流れる危険性があり――事実、一部は流れていました――アメリカでそのへんの隠蔽工作を担っていたのが西室でした。アメリカからにらまれているのも知らずに。

現在のハイテク兵器は当然ながらコンピュータ・システム抜きにしては成立しません。目標にピンポイントでミサイルを着弾させるためのGPS（Global Positioning System＝全地球測位システム）にしても、各種ドローンや無人機にしても、精度の高いコンピュータによって制御、運用されています。ロシア・ウクライナ戦争から予見するまでもなく、これからの戦争はハイテク兵器が主役になります。前線に兵士を送り込むこともなく、すべてはモニター上の遠隔操作で雌雄が決してしまう。そんな時代が来るかもしれません。

東芝はその先端技術の一部を東側に売り渡していたのですから、アメリカを怒らせないわけがありません。

その後の東芝の凋落は目を覆うばかりです。2006年には原発メーカー世界一を目指し、「原子力ルネッサンス」を謳ってアメリカの原発メーカーWH（ウェスティングハウス）を6400億円かけて買収したものの、2011年の福島第一原発事故でその夢は早くも瓦解します。2017年には債務超過に陥り、心肺停止状態となりました。大規模なリストラを敢行し、医療、PC（半導体）など付加価値が高い事業分野から切り売りせざるをえなくなったのです。

もはや、かろうじて「東芝」という暖簾(のれん)を死守しているにすぎません。

たしかに原発事故は東芝には責任がなく不運だったといえますが、その後の粉飾決算など同社の経営にとどめを刺した数々のスキャンダルの発覚に、果たしてアメリカの意思が働いていなかっただろうか。

「見えない恐怖」から脱却せよ

東芝もそうですが、福島の原発事故を境に日本の原発事業も大きく停滞してしまったことは否めません。

原発は怖いというイメージだけがマスコミによって先導されていって、安全な原発をつくろうという発想を押しつぶしてしまった。これもまた「唯一の被爆国」という神話の弊害といえます。原子力とか放射能という言葉を聞くだけで危険だ、難病にかかると怖い連想につなげたがる。異論は許さない風潮がまだまだ根強いのです。そのくせラドン温泉は健康のためといって平気で入るし、ガンになれば放射線治療も受ける。レントゲンだって広い意味では放射線です。この矛盾に気づいているのでしょうか。

放射能と幽霊はよく似ています。見えないから怖いのです。見えないからこそ、ひょっとして、そこに幽霊がいるのではないか、放射能に汚染されているのではないかと恐怖を感じるのです。なかには幽霊や放射能を「感じた」つもりになって怖がっている人も少なくないのです。もし幽霊や放射能が可視化できたとしたら、案外、恐るるに足りぬものかもしれません。

小型原子炉の開発が日本再生の第一歩

現在、世界の原発メーカーは福島の教訓から安全な原発、小型原子炉の開発にしのぎを削っています。日本がこれに乗り遅れるわけにはいかないのです。そこに日本の再生がかかっているといっても過言ではないでしょう。

たとえば日立はすでに自社製原発のプロジェクトにSMR（隔離弁一体型原子炉）を採用しています。これはちょっと明るいニュースだといえます。

従来の原子炉は炉を冷やす水をポンプによって引き上げて循環させる方式ですが、これだと福島第一原発の事故のように電源が喪失した場合に冷却ができず、最悪の場合、メルトダウン（炉心溶融）を引き起こしてしまいます。SMRでは圧力容器に隔離弁を直付けすることによってポンプを使わずに冷却水を自然循環させるため、万が一、電源が喪失したり、人による操作が行われなかったりする場合でも冷却を続けることができるのです。

また、従来型の沸騰水型炉では炉内で発生した蒸気で直接タービンに送っていますが、もし、その配管が破損してしまった場合、そこから冷却水が漏れて空焚き状態になってしまう。これもメルトダウンの原因となります。そうした事故を防ぐのが隔離弁です。隔離弁を蒸気を運ぶ配管に設置することで、事故時には蒸気を遮断し、原子炉を隔離することができます。さらに最新の沸騰水型炉では隔離弁を圧力容器に直付けすることによって冷却水の喪失事故を抑制することが期待できるのです。

そのうえ福島の教訓を踏まえて厳しい耐震要求や津波、竜巻などの自然災害（外部ハザード）対策、テロや航空機衝突への対策などについても設計に反映されているようです。

核廃棄物も出さない「夢の原子炉」

そもそも事故を起こした福島第一原発の原子炉の第1号機と第2号機は、先にも触れたように旧式のアメリカ製（GE社）。それを日本が買わされたわけです。ちなみに3号機は東芝製、4号機は日立製でした。その2機はビクともしなかった。われわれは、もっと日本製の原子炉に自信を持っていいのではないでしょうか。

ほかに次世代型原子炉のメリットを挙げれば、小型化、モジュール化によって工場でパーツ生産し、現地で組み立てるということが可能になり、建設期間の短縮と、それにともなうコストの削減がまず挙げられます。また、パーツ分けによってメンテナンスや部品の交換も容易になります。

近い将来、地方の大型の原子力発電所から東京に電力を送るのではなく、日本列島を細かくブロックに分け、小型の原発が点在するようになるかもしれません。

さらに現在では核融合炉の研究開発が始まっています。ドーム型の容器に超高温の重水素と放射性物質トリチウムを閉じ込め、原子をくっつけることでエネルギーを生み出すというシステムで、現在の原子力発電に比べて安全性はぐんと高くなるし、核廃棄物も出さない夢の原子炉です。実用は早くて今世紀の終わり、遅くて来世紀初頭といわれますが、ぜひ世界に先駆けて日本のメーカーが完成させてほしいものです。まだまだ日本にはそれだけの底力があることを信じたい。

「こんな田舎者に極東アジアのかじ取りはさせてはならない」

別章で朴正熙の暗殺についても触れましたが、アメリカという国は、裏切り行為を絶対に許さない国です。過去にアメリカの逆鱗に触れて政治生命を失った日本の政治家は少なくありません。

誰でもまず思い浮かぶのは田中角栄ではないでしょうか。高等小学校卒の内閣総理大臣ということで立身出世の人、「今太閤」と呼ばれ、その泥臭くも庶民的なキャラクターが大衆に親しまれていた田中は、良くも悪くも高度成長期を象徴するような日本のリーダーでした。その彼が得意の絶頂にありながら金脈問題が露呈し、マスコミの総攻撃にあって、まさかの失脚。さらにとどめを刺すようにアメリカの航空機売り込みに関する贈収賄事件、いわゆるロッキード事件（1976年）がらみで逮捕され、自民党離党を余儀なくされたのでした。

この失脚劇のシナリオを書き、ロッキード・スキャンダルを日本のマスコミにリークしたのがアメリカであることは、いまでは定説となっています。田中がアメリカの頭越しに訪中して日中国交を結んだことに対して怒り心頭のアメリカが与えた懲罰でした。

むろんアメリカも対ソ戦略の一環として、時のニクソン政権が中国に接近を見せていたのはたしかですが、アメリカにはアメリカなりの段取りもあったわけです。ところが功名心に駆られた田中の勝手なふるまいのおかげでアメリカ側のタイムスケジュールが完全に狂ってしまった。米中の国交樹立はニクソン、フォードの次のカーター大統領の時代（1979年）です。中国のリーダーは鄧小平に移っていました。

それだけではありません。田中は中国側に詰め寄られて「ひとつの中国の原則」をなかば認めてしまった。つまり、中華人民共和国を選んで中華民国＝台湾を切り捨てたのです。これはアメリカに対する裏切りであると同時に、盟友・台湾に対する最大の裏切りといえます。田中は台湾の軍事的、戦略的な意味をまったく理解できていなかった。少しはわかっていたとしても、「日中国交樹立を成し遂げた総理大臣」という目の前にぶらさがったニンジンが彼を舞い上がらせてしまった。人間の欲望に精通している中国要人にとって、彼のそんな政治的功名心などハナからお見通しでした。

アメリカも対中交渉のなかで、「日本も認めたのだから」という理由で台湾断交に踏み切らずにはいられなかった。すべては田中の拙速な判断が生んだものです。アメリカは米中国交樹立とほぼ同時に台湾関係法をつくり、安保面では台湾の関係を担保しましたが、いまも続く台湾の不安定な地位、戦略的曖昧性はこれによって決定づけられてしまいました。

田中訪中を知ったキッシンジャー大統領補佐官が「ジャップが」と吐き捨てたというのも前述のとおりです。「こんな田舎者に極東アジアのかじ取りはさせてはならない」というのがアメリカ大統領府の共通した意見でした。

金日成にまんまと籠絡された金丸信

先にも触れた金丸信もかつての親分・角栄と同じ運命をたどっています。

1990年に金丸は社会党の田辺誠らと超党派で北朝鮮を訪問しました。いわゆる金丸訪朝団です。北朝鮮で大歓迎を受け、すっかり気をよくした金丸は独断で早期の国交正常化と統治時代の補償を約束していきます。これはあくまで密約だったので、具体的にどれほどの金額が提示されたのかは明らかにされていませんが、およそ1兆円というのが定説です。

金日成はこのとき、金丸と流暢（りゅうちょう）な日本語で会話し、「日本の戦後の発展は天皇陛下のおかげですね」という殺し文句で金丸を籠絡したといいます。社会主義国の親分の口から「天皇陛下」という言葉が出て右翼を自称する金丸はすっかり感激してしまった。とどめはスタジアムを埋め尽くした人民による「金丸信先生歓迎」のマスゲーム。これを見て金丸はうっすら涙を流したらしい。北朝鮮の高官は「俺たちが金丸信を泣かせたんだ」と、いまもそれを自慢にしているくらいです。

金日成はそういった人たらしの術に長（た）けた人物ですが、おそらく「天皇陛下」云々（うんぬん）をレクチャーしたのは中国筋ではないか。毛沢東も周恩来も日本の要人に会うときは必ず「天皇陛下によろしくお伝えください」といって相手を感激させていたといいます。まあ、いうだけはタダですから。人たらしにかけては毛沢東も金日成に負けてはいませんね。中国にとしても、そろそろ「お荷物」になってきた北朝鮮に日本の援助が入ることは願ってもないことだったのです。

アメリカの「宿題」を忘れた小泉純一郎

話を戻しましょう。アメリカも訪朝した金丸の動向を注視していました。そして金丸のこのフライング行為に激怒するのです。じつは金丸は出発する前にアメリカのジェイムズ・ベーカー国務長官から金日成との会談で北朝鮮の核開発疑惑について言及するように釘(くぎ)を刺されていたのでした。寧辺(ニョンビョン)核施設でプルトニウムの再処理を行っているという疑惑です。感激屋の金丸はその約束をすっかり忘れてしまい、あろうことか支援まで約束している。その１兆円が核開発に使われるかもしれない。アメリカが怒るのも当然でしょう。

訪朝の翌々年の１９９２年に佐川急便(さがわきゅうびん)からの5億円におよぶ闇献金が発覚し、金丸は自民党副総裁を辞任。さらに１９９３年には10億円強におよぶ脱税が発覚して逮捕されてしまいます。当然ながら逮捕劇の背後にはアメリカの意向があったのは確実です。アメリカはいざとなれば自民党の幹部を失脚させることなど朝飯前。ＣＩＡはしっかり日本の政治家のあらゆるスキャンダルを握っています。

２００２年の日朝平壌宣言直後の小泉純一郎（こいずみじゅんいちろう）総理も、はっきりいえばヤバかった。

小泉は金丸の件もあるから、訪朝前にはアメリカともそれなりに調整し、根回しを忘れませんでした。当時、北朝鮮はすでにウラン濃縮の段階に入っていたのです。アメリカから言い渡された宿題として、それを議題に乗せることになっていました。しかし、いざ平壌に乗り込んでいくと、金正日があっさり日本人拉致を認め、そのうち5名を帰らせるというので、すっかり頭のなかが真っ白になってしまったのです。核開発問題について言及はしたものの、拉致問題ばかりが前面に出て、アメリカが期待するウラン濃縮問題に関してはずっと後方に行ってしまい、アメリカを大いに失望させました。

帰国後、小泉はわれに返って青くなったことでしょう。田中、金丸の末路が脳裏をよぎったか、あるいはアーミテージあたりから直々にネジを巻かれたのかもしれません。

その後の小泉はちょっと痛々しかった。アメリカに行ってエルヴィス・プレスリーのモノマネまでしてバカ殿を演じ、媚（こび）を売った。そして見事なまでのアメポチぶりです。公約だった郵政民営化をはじめ、構造改革路線で日本の経済のハンドリングをアメリカに手渡してしまいました。

アメリカの不興を買った政治家たちの末路

小泉の場合は、どうにか政治生命をまっとうすることができました。政界を引退し、隠居の身となったのも、アメリカに操を立ててのものだと思います。もう政治にはコミットしない、そう約束させられたのかもしれません。かと思えば、「エネルギー構造改革」などわけのわからないことを突然言い出して独自の脱原発論をぶち、古巣・自民党政府の方針に水を差すのも、アメリカ石油メジャーの思惑を忖度してのものでしょう。

しかし、日本の政治家のなかにはアメリカのご機嫌を損ねたばかりに、政治生命どころか、朴正熙のように本当の生命まで奪われた人もいます。

古くは重光葵。名外務大臣として知られ、戦前、戦後に数々の外交の舞台を飾った彼も、その最期はじつにあっけないものでした。１９５４年に日本の国連加盟に拒否権を発動するソ連を懐柔するために、歯舞、色丹の２島返還で北方領土問題を手打ちにしようと交渉を開始したところ、アメリカににらまれて失脚し、政界をあとにしました。１９５７年１月に狭心症の発作で亡くなるのですが、その死は謎も多く、永田町界隈では腹上死説が流れるほどでした。むろん、いまでは腹上死説を信じる者はいません。

橋本龍太郎は総理大臣時代の１９９７年にアメリカ・コロンビア大学での講演で「アメリカ国債を売ってしまいたい衝動に駆られる」と発言し、大問題となりました。橋本にすれば長引く円高・ドル安に業を煮やした日本の総理大臣としての本音交じりの軽いジョークのつもりだったのですが、この発言の直後にニューヨーク・ダウが１９２ドル下落して、１９８７年のブラックマンデー以来の大幅な値下げを見せるという笑えない展開になってしまいました。当然、アメリカにとっては聞き捨てならぬ言葉だったのです。

その後の橋龍の凋落ぶりは、まさにジェットコースター並み。支持率の急速な低下は消費増税（3%から5%に）が主原因ですが、総理大臣退陣後に女性スキャンダルや日歯連闇献金事件などが次々と発覚。派閥での指導力をなくし、２００６年7月に68歳の若さで亡くなっています。発表された死因は「腸管虚血を原因とする敗血症性ショックによる多臓器不全」でしたが、不明な点も多く、暗殺説も流れました。

付け加えるなら、大平正芳、竹下登、小渕恵三という3人の総理大臣経験者もアメリカの覚えは決してよくはありませんでした。そして、いずれもその死因に不可解なところがあります。

わりと記憶に新しいのは中川昭一のケースでしょうか。２００９年2月に麻生太郎内閣の財務大臣としてローマで開かれたG7の中央銀行総裁会議での酩酊状態の記者会見があだとなり、彼の政治生命は完全に絶たれました。中川の言葉を信じるなら、当日、昼食にワインが出されたが、グラスに口をつけた程度で飲み干してはいないとのことで、ネット上では「何かを盛られたのではないか」とささやかれました。同年8月の衆議院選で落選し、失意のなか、10月に東京・世田谷の私邸の寝室で変死（一部には自殺説）しています。

中川といえば、先にも記したとおり、第1次安倍内閣の政調会長時代の2006年に「核保有の議論があってもいい」と発言。アメリカからコンドリーザ・ライス国務長官が急遽来日して「核の傘」の提供を明言し、日本の核保有を牽制しています。彼の死と、この発言を直接結びつける確たるものはありませんが、時のジョージ・ウォーカー・ブッシュ政権の慌てふためきぶりから察するに、彼らの目には、中川昭一という男は何を言い出すかわからない不気味な人物に映ったことでしょう。

これを見ると、日本の核保有の道のりはまだまだ険しそうです。しかし、日本の核武装を抑えてきたアメリカにも徐々に変化の兆しが表れ始めてきたのは、ここまで読んでこられた読者はお気づきのことでしょう。世界の警察であることをやめ、不足を同盟国に補ってもらおうという動きがあることが読み取れるのです。

とはいえ、フライングは禁物です。いまも見てきたように、アメリカは日本の先走った行動を何より嫌います。アメリカと歩調を合わせつつ、微妙な変化を見逃さないで、核武装容認の空気をつくっていくことです。いまはそれしかいえません。

第5章

宗教から読み解くロシア・ウクライナ戦争

大方の予想を外したロシアのウクライナ侵攻

この章ではロシア・ウクライナ戦争の本質について、少し深掘りしていきたいと思います。ロシアのウクライナ侵攻が始まる前の2021年暮れ、私は雑誌『月刊日本（にっぽん）』2022年2月号のインタビュー「ウクライナ情勢と台湾情勢は連動している」で次のように答えています。

もし本当に戦争になったら、当然ロシアが勝つでしょう。しかし、以前併合したクリミア半島とは事情が違います。クリミア半島は住人の多数がロシア系だったので混乱もなくすんなりロシアに併合されました。彼ら自身がロシアに併合されることを望んでいたからです。しかも軍事的侵攻で一人の戦死者も出ませんでした。ロシア国民はそれを支持しました。しかし、もしウクライナ全土にロシアが軍事侵攻した場合、ウクライナ人との戦闘が起こります。ウクライナ人は歴史的にロシアに対する深い憎しみがあるので、激しく抵抗するでしょう。戦闘は長引き、ウクライナ人もロシア人もたくさん死ぬことになる。今ロシアにそれだけの戦死者を出す余裕、戦争を継続するための経済力はありません。当然ヨーロッパとアメリカも経済制裁をしますから、ロシア経済は持たない。戦死者が増えるほど、プーチン政権に対するロシア国民の批判も高まります。つまり、現実的にはロシアがウクライナと戦争することはできない可能性が高い。当分睨み合いの状況が続きます。

実際はご承知のとおり、ロシアはウクライナに侵攻し、戦争になっていますから、大筋ではこの予測は外れたことになります。しかし、細かい部分では、おおむねこの予測どおりになっていると思います。

戦争が始まった時点でも、2カ月もすれば終結するというのが大方の見方でした。とくに日本の報道はそうでした。ところがウクライナ側の抵抗が思いのほか強く、兵士の士気も高かった。ウォロディミル・ゼレンスキー大統領の号令のもと、国一丸となって、降伏よしとせずの気概に満ちていることに世界中が感嘆したのです。これでゼレンスキーは国際世論を味方につけたといっていいでしょう。アメリカをはじめ、ヨーロッパ各国からの武器供与もウクライナ側を勢いづけました。

一方、ロシア側は兵も国民も士気が低く、戦争が長引くほどに経済も疲弊して国内に厭戦気分が蔓延しています。ウクライナに供与された欧米の最新兵器に比べ、ロシアのソ連製を基盤にした兵器群は性能、威力ともに大きく劣っており、それもウクライナの大胆な反撃を許している理由です。

ロシアは囚人部隊を投入したり、ムチャな動員令をかけて徴兵した若者をろくな訓練を与えることもなく前線に送ったりという末期的な状況にあります。訓練もなく戦場に行けというのは、死ねというのと同じです。そのため徴兵を逃れようと国外に逃亡する者、指を切断したりして、みずから身体障害者となる者が続出しているありさまだというではありませんか。

「囚人部隊」を投入するロシア軍

囚人部隊というのは、その名のとおり、刑務所に収監されている受刑者から減刑を条件に募った志願兵の部隊です。いずれも死刑や終身刑などの重要犯罪人ばかり。なかにはシャバにいるときは何十人も人を殺したと自慢するロシアン・マフィアの親分もいます。彼らにしてみたら、刑務所にいても、いずれは黙っていても銃殺か絞首刑の身ですから、ここはいっちょ志願して、生き残れれば儲けものぐらいの考えでしょう。そのせいか、伝統的にロシアの囚人部隊は勇敢かつ獰猛といわれています。

日本の敗戦前夜に満洲になだれ込んできた最初のソ連兵は、この囚人部隊です。彼らは日本人と見れば兵隊、一般人を見境なく殺し、婦女子をレイプして回りました。文字も知らないような無学な者たちですから、腕時計がめずらしいのか、まだ生きている人を手首ごと斬り落として奪った「戦利品」をいくつも自分の腕にはめて悦に入っている者もいます。いわば戦場の荒くれ者、牙をむき出しにしたハイエナ、嫌われ者でした。

しかし、その伝統の（？）ロシア囚人部隊といえども、今度の戦争では投降者、逃亡者が多く出ているというのです。人殺しなど屁とも思っていない囚人たちとはいえ、十分な訓練がなくては近代兵器を使いこなせるわけもなく、ましてや西側のハイテク兵器にはなす術もありません。ある囚人部隊の生還率はわずか５％だったといいます。

そんな戦況のなか、ロシア側に停戦の意思が見えないのは、ひとえに敗軍の将となりたくないプーチンのメンツの問題も大きいでしょう。ＫＧＢ出身のプーチンは諜報や暗殺のプロかもしれませんが、戦争はまったくの素人であることを露呈したかたちです。ロシア兵の士気の低さも、そこに起因すると見ていい。

この戦争の実態はロシア対ウクライナの戦争から、すでにプーチン対ウクライナの戦争に変質しています。つまり、前線の兵士にしてみれば、この戦争に大義を見いだせないのです。大義がない戦いに命は捧げられません。

ウクライナ兵士の士気を高める「ロシアへの怨念」

一方、ウクライナの兵士の士気が高いのは、先のインタビューで述べたとおり、ウクライナ人がロシア人に対して積年の恨みを抱いているからです。祖父母や曽祖父母から受け継いだ恨みの記憶が祖国防衛に駆り立てるのです。

ウクライナはソ連時代にスターリンによって激しい弾圧下にありました。その象徴ともいえるのがホロドモールと呼ばれる人為的な大飢饉(だいききん)です。日本ではナチスのホロコーストほど有名ではありませんが、ヨーロッパではホロコーストにホロドモール、それにオスマン帝国によるアルメニア人虐殺を合わせて「20世紀の3大ジェノサイド」と呼ばれているほどです。

もともとウクライナは「ヨーロッパのパンかご」と呼ばれるほどの肥沃な穀倉地帯でした。片やロシアは革命直後にウラジーミル・レーニンの死去（1924年）あたりから慢性的な農作物の不作が続いていました。レーニンのあとを継いだスターリンは、それを打開すべく1929年に農業集団化（コルホーズ）のシステムを導入しています。これによって自営農家（クラーク）の土地はすべて没収され、農民は集団農場（コルホーズ）か国営農場（ソフホーズ）に振り分けられたのです。

農業の効率化と作物の大量生産を狙ったコルホーズとソフホーズでしたが、どちらも成功したとはいえませんでした。私有地だった田畑を突然取り上げられるのですから、農民からすればたまったものではありません。集団農場入りに際しては家畜がみすみす没収されるしかないので、農民はその場で殺して食用にしたり、解体した肉を売ったりしました。そのおかげで一時、ウクライナから家畜の鳴き声が途絶えたともいわれています。

また、農民からすれば、自分たちがいくら収穫を上げても中央政府に二束三文で買い叩かれるわけですから、生産意欲は減退するのは当たり前です。それに業を煮やした中央政府は、さらに苛烈な生産ノルマを課しました。逆らえば逮捕され、ろくな裁判もなくシベリア送りが待っています。

ご承知のように、当時のシベリアには抑留され、奴隷労働に従事していた多くの日本人がいました。理不尽な強制労働にもかかわらず、黙々と働く勤勉な日本人にやさしく接してくれた白人は、同じ境遇にあったウクライナ人だったといいます。そんな知られざる交流があったからでしょうか。いまもウクライナの対日感情は総じて悪くはありません。

スターリンに人口の20%を餓死させられる

また、スターリンは西側勢力に対抗すべく、急進的な工業化を目指して「5カ年計画」なるものを立てています。

これによって工業労働者を優遇したために、農業生産力はさらに低下の一途をたどることになったのです。ここらへんは、のちの中国の大躍進政策とも似ています。というより、大躍進政策は毛沢東がスターリンの「5カ年計画」を意識して始めたものなのです。毛沢東は鉄の生産を急げと号令をかけ、それに従うしかなかった農民は鋤や鎌まで溶鉱炉に叩き込みました。野良道具を溶かしてしまったのですから、畑仕事はできません。収穫もおぼつかないです。こうやって中国全土に飢餓が広がっていったのです。

ウクライナも似たようなものでした。緑萌える穀倉地帯に巨大な工場やコンビナートが次々と建ち、火力発電所の煙突が白い煙を吐くようになりましたが、耕地面積は一気に削られました。それだけではありません。農民たちの手元に残った余剰の農作物まで工作機械品等を輸入するための外貨稼ぎの輸出品として没収されたのです。農作物は「人民の共有財産」といわれ、落ち穂拾いさえも「横領」として厳しく罰せられたというから、ひどい話です。

ジャン＝フランソワ・ミレーの絵で知られる「落ち穂拾い」の様子は聖書にも記されています。地に落ちた実はそのままにして、貧しい人が拾うにまかせなさいという庶民のあいだのルールです。スターリンは、そんなささやかな助け合いの心づかいも禁止したのでした。

ウクライナ人は飢餓のどん底に落とされました。木の皮や雑草で飢えをしのぐのは当たり前。ペットを殺して食用にしたり、病気で死んだ家畜を土から掘り起こして食べたりして、チフスが村に蔓延したこともあったようです。さらにおぞましいことに、中国の大躍進政策でもあったということですが、ある村では、ひそかに人肉食も行われていたという話も残っています。

１９３２年から翌１９３３年にかけて、ウクライナは人口の20％が餓死したと伝えられ、正確な数字は記録されてはいないものの、死者は４００万人から１４５０万人ともいわれているようです。

「ウクライナはネオナチの巣窟」の真偽

まさに独裁者スターリンによるジェノサイドといえるでしょう。皇帝や貴族階級に搾取される農民や労働者を解放し、平等社会を実現するためという建て前のもとに行われるのが共産革命であったはずです。しかし、結局はソ連共産党という新しい支配者によって農民や労働者は搾取され続けるのです。なんたる矛盾でしょうか。

　こんな地獄を体験してきたウクライナ人が、ロシアに対して恨みを抱いていないわけがありません。第2次世界大戦が始まると、ウクライナは独ソ戦の戦場となりました。首都キエフ（キーウ）は壊滅的な破壊を受けています。ソ連は長らくキエフの破壊はドイツ軍によるものだと喧伝（けんでん）していましたが、実際はソ連軍の攻撃による被害でした。キエフの街の地理的、軍事的重要性を理解していたソ連は、ドイツ軍に占領されて敵側に利用されるくらいならと、退却前に街を破壊し、焼き払ったのです。これによって味方であるはずのウクライナでも多数の死傷者が出ました。

　そんなわけですから、ウクライナでは独ソ戦が始まると占領軍であるナチス・ドイツ軍を解放軍として迎え入れ、ドイツ軍に志願する者も少なくありませんでした。ウクライナ領内ではその勢いでソ連共産党狩りも始まっています。一方、ソ連軍として前線に投入されるウクライナ人兵士もいて、同じウクライナ人同士がドイツとソ連に分かれて撃ち合うという悲劇もありました。独ソ戦によるウクライナ人の戦死者は５００万人といわれています。

　今度の戦争でプーチン・サイドがさかんにウクライナはネオナチの巣窟だというような情報戦を展開していましたが、第2次世界大戦を知らない若者のなかにも、ロシアへの反感から、懐古的に親ナチスを謳う過激な一団もいるのはたしかでしょう。

とはいっても、これはストリートギャングのようなもので、似たような愚連隊は欧米のどの国にもいます。かつてイギリスではスキンヘッズと称するギャングがいて、彼らはその名のとおり、坊主頭とハーケンクロイツをトレードマークにしていました。日本の暴走族でも同じです。たんに排外的民族主義のグループをネオナチに分類することもあります。

ナチス・ドイツのホロコーストも経験

ソ連の軛（くびき）から逃れてドイツ占領下に入ったウクライナですが、ひとときの解放気分もむなしく、今度はナチスによる弾圧を経験するのです。

第一の犠牲者は、やはりユダヤ人でした。領内から大量のユダヤ人が連れ出されてホロコーストの対象となりました。その数は50万人とも60万人ともいわれています。続いて迫害の手はウクライナ人にも伸びました。数百万人がドイツ国内に運ばれ、工場や鉱山などで不眠不休の重労働に従事させられたのです。彼らはオスト・アルバイター（東方労働者）と呼ばれました。オスト・アルバイターにはウクライナ人だけではなく、ウクライナ国内に住むベラルーシ人やロシア人も含まれます。

当時、ドイツ人にかぎらず、ヨーロッパの人々はロシア人やウクライナ人といったスラブ系の民族を自分たちと同じ純粋なヨーロッパ人ではなく、アジア人に近い劣等民族（ウンターメンシュ）として見下す傾向がありました。それが今日まで続くロシア人のヨーロッパ・コンプレックスにつながっているのです。同時に彼らのアジア人蔑視の根源でもあるわけです。シベリア抑留者に対する悪魔のような仕打ちは、日露（にちろ）戦争の意趣返しだけでは説明がつきません。

ウクライナは、むろんナチス時代の恨みは決して忘れてはおらず、現在のドイツに対する感情も複雑ですが、ロシアに向ける憎悪は、それとはまったく質が異なります。同じような迫害や弾圧でも、ドイツから受けるのと、同族であるスラブ人のロシアから受けるのでは、後者のほうがより屈辱として記憶に刻まれるのでしょう。

日本のような島国に暮らしていると実感がありませんが、陸続きにある隣同士の国ほど仲が悪いものです。民族もまた近い者同士は不寛容になっていく傾向があります。強いていうなら、日韓関係にそれを見る思いです。韓国人の執拗な反日は、とにもかくにも、日本を自分たちの身内と思っているからにほかなりません。いうなれば近親憎悪なのです。

ヨーロッパ情勢の解読は「一神教」への理解から

民族対立もそうですが、宗教間の対立というのも、日本人にはなかなか理解しがたいものがあります。

よく、日本人は生まれると神社にお宮参りに行き、クリスマスを祝い、死んだらお寺で葬式を行うなどといわれますが、八百万の神を奉じる日本人は、ある意味では宗教に関して非常にアバウトであるといえます。戦国時代に日本にやってきたイエズス会の宣教師が「(日本では)キリスト教の神でも日本の神のひとつになってしまうだろう」と本国に報告しているほどです。唯一絶対神を戴く一神教からすれば信じられないことでしょう。

しかし、そのアバウトさゆえに、日本人は歴史的に見て大きな宗教紛争を経験せずにすんだということもいえます。先にも触れたように、物部氏(神道派)と蘇我氏(仏教派)の対立はありましたが、これは宗教対立というより権力闘争の側面が強かった。その証拠に蘇我氏の勝利のあとも神道は残り、神仏習合という独自のスタイルの信仰が生まれ、現代まできているのです。神道の神さまも仏さまも一緒に拝むのですから、ここにキリスト教の神さまが加わったところで大した問題ではないというのが日本人の感覚です。見方を変えれば、これこそ多文化共生のあるべき姿ではないでしょうか。

しかし、日本以外の国、とりわけ西欧の宗教観は、とても厳格といえます。もともと一神教は砂漠という厳しい環境で生まれた宗教です。砂漠の遊牧民にとって、ひとりの身勝手な行動は全体の死に直結します。集団を守るための厳しいルールが必要となるわけです。「神との契約」や戒律などは彼らの身を守るために発明された方便という解釈もできます。いきおい、ほかの宗教や宗派に対しては排他的で不寛容になる傾向があるのです。

モーセの十戒（じっかい）にある「殺すな、犯すな」はユダヤの民という共通の集団の秩序を守るためのルールにすぎません。したがって異教徒には適用されないわけです。旧約聖書を読むと出エジプト以降、異教徒の皆殺しの話の連続です。なかには「民数記（みんすうき）」のように異教徒の処女は戦利品としてこれを犯せと神が命じているケースまであります。繰り返しますが、神が虐殺と略奪、レイプを命じているのです。これが一神教というものです。

日本人はキリスト教をどこかロマンチックに考えがちですが、本質は侵略の宗教にほかなりません。大航海時代に彼らは布教の名目で南米に渡り、現地のインディオを殺して黄金を略奪し、土地を奪い、植民地にし、奴隷にしました。メスチソ（混血）は宣教師たちのレイプの置き土産です。「改宗、さもなくば死」。異教徒に突きつける彼らの最後通牒（つうちょう）がこれでした。

こういう歴史を踏まえておかないと、なかなか西欧の宗教というものは理解できないかもしれません。

つねに国際紛争の背後にある米、ソ、中の影

われわれ日本人が宗教紛争と聞くと、まず思い浮かぶのは中東戦争か、せいぜい印パ戦争でしょう。もっとも、後者はカシミール地方の帰属をめぐる戦争と一般には捉えられています。

興味深いのは二つの戦争ともソ連が関与しているということです。中東戦争では英米の後押しを受けたイスラエルに対し、敵対する周辺のアラブ諸国に武器を供与していたのはソ連でした。印パ戦争では中ソ対立の余波を受けて中国がパキスタンに、ソ連がインドに肩入れしてきました。朝鮮戦争やベトナム戦争の例を持ち出すまでもなく、第２次世界大戦以後の戦争のほとんどにアメリカ、中国、ソ連がなんらかのかたちで介入していたのは事実です。いわば代理戦争だったということになります。

中東戦争はユダヤ教とイスラム教の紛争です。ご承知のように、イスラム教もキリスト教もユダヤ教から枝分かれした、いわば兄弟宗教といえます。近い民族同士ほど仲が悪いと先ほど書きましたが、宗教もしかり、近い宗教のあいだほど紛争が絶えないのです。同じキリスト教でも、20世紀後半にもなって北アイルランドでカトリックとプロテスタントに分かれて殺し合いをやっていたという悲しい事実もあるのです。

「宗教対立」で読み解くヨーロッパの戦争

分けてもヨーロッパの戦争は宗教対立の側面から見ないと理解は難しいと思います。

たとえば一連のセルビア紛争なるものの根本にあるのはセルビア正教徒とイスラム教徒の対立であって、じつのところ民族対立は副次的なものでしかありません。両者は同じ南スラブ語話者で言語的、人種的な差異はほとんどないのです。

セルビア正教会はギリシャ正教会から分派した教派で、信徒はその名のとおり、セルビア人の民族意識に根差した信仰生活を送っています。人口比でいえば、セルビア正教徒が約85%で圧倒的。ほかにカトリックが約5・5%、プロテスタントが約2%、イスラム教は約3%で少数です。しかし、その3%のイスラム教徒はビザンチン帝国以来の地主階級で、多数の正教徒は彼らによって搾取される農奴(のうど)という立場でした。歴史的に見る両者の激しい反目は宗教対立であり、かつ階級対立といえました。

これはボスニア・ヘルツェゴビナでの話ですが、1995年7月にはスレブレニツァという町でイスラム教徒系の男性8000人がセルビア人勢力に殺害されるという事件が起きています。第2次世界大戦後のヨーロッパで起きた最悪の虐殺事件として歴史に刻まれてしまいました。このときにはセルビア人によるムスリム女性のレイプも頻発しています。女性はベールをかぶり、夫と父親以外の男性には顔を見せてはならないという厳格なイスラムの教えからすれば、異教徒によるレイプは、これ以上ないほど屈辱かつ許しがたい行為といえます。

もっとも、同地では、これに先立つ1992年にイスラム勢力によってセルビア人1200人が惨殺される事件もあり、セルビア人側にいわせれば、当然の報復をしたまでだということになるのかもしれません。

東欧＝社会主義＝唯物史観＝無宗教という単純な連想は、この際、捨ててしまったほうがいいでしょう。むしろ西欧的な近代主義から取り残された分、前近代的宗教規律が生々しく残っていると見るべきかもしれません。冷戦が終わって、共産主義というイデオロギーのタガが外れ、それらが一気に表面化したにすぎないのです。

「東欧の鬼っ子」ユーゴスラビア

東欧、とりわけ「ヨーロッパの火薬庫」と呼ばれたバルカン半島の歴史は紛争の歴史でした。

かつてあったユーゴスラビア連邦共和国は社会主義国でありながら、ソ連の引力圏からも微妙な距離を置くことに成功した稀有（けう）な国です。一度はナチス・ドイツの占領下にありましたが、ユーゴ共産党によるパルチザンによる抵抗が激しく、最終的にはソ連の力を借りることなく解放を迎えることができました。

ユーゴ共産党はあとから来たソ連にも抵抗をし続けています。前述のコルホーズをユーゴにも導入しようとして農民の激しい反発にあったのです。また、ユーゴはあくまで「民族自決」の権利を譲りませんでした。つまり、ロシア人化を拒否したのです。これに激怒したスターリンは1948年にユーゴスラビアをソ連共産党の国際組織であるコミンフォルムから追放してしまいます。いわばユーゴは共産圏の鬼っ子的な存在といえるでしょう。

このユーゴ共産党の指導者だったのが、のちに終身大統領となるヨシップ・ブロズ・チトーです。

チトーは「民族自決」を謳いましたが、ユーゴスラビア自体はスロベニア、クロアチア、セルビア、ボスニア・ヘルツェゴビナ、モンテネグロ、マケドニアの六つの共和国からなる連邦制で、多民族国家です。民族はスロベニア人、クロアチア人、セルビア人、マケドニア人、イスラム人の五つ。言語はスロベニア語、クロアチア語、セルビア語、マケドニア語の四つで、使われる文字はラテン文字とキリル文字の二つ。宗教はカトリック、セルビア正教、イスラム教の三つからなっています。

小競り合いこそあれ、この多文化、多言語の国がどうにかまとまっていたのは、チトーの指導力とカリスマ性によるところが大きいといえます。地理的、体制的には東側に属しながら、ソ連とも距離を置くユーゴは、対ソの緩衝地帯を求める西側からちゃっかり支援を得ることで独立を堅持しました。チトーの巧みな外交力がうかがえます。ちなみにユーゴ軍の兵器のほとんどが英米製です。

ユーゴスラビア分裂も宗教で読み解ける

その英雄チトーも１９８０年に天に召されてしまいます。87歳の大往生でした。偉大なリーダーを失ったユーゴスラビアは以後、分裂を繰り返し、バルカンの地に中世以来の宗教対立が息を吹き返すことになるのです。

その兆候となったのは１９９０年のユーゴ共産党の分裂（セルビア、モンテネグロとスロベニア、クロアチアに分裂）でした。それにともない、クロアチアが独立を宣言し、内戦（クロアチア人は内戦という呼び方をよしとせず、独立運動であると主張します）へと向かいます。

クロアチアにセルビア・モンテネグロ連合軍が爆撃を開始し、多くの教会を破壊しました。これに怒ったクロアチアは反撃を開始。「独立戦争」は足かけ4年、１９９５年まで続いたのです。じつはクロアチアはカトリック教徒が大半を占め、セルビアとモンテネグロは正教徒の連合でした。つまり、これも背景には積年の宗教対立があったのです。また、クロアチア国内にもセルビア人が住んでおり、彼らも抵抗の意思を露わにしていました。ここらへんは国内に親ロシア勢力を抱えるウクライナと事情がよく似ているかもしれません。

さて、こうしてクロアチアはどうにか独立を果たすわけですが、その後は同じ正教徒として連合を組んでいたセルビアとモンテネグロが対立するのですから、われわれ日本人はちょっと理解に苦しむところでしょう。モンテネグロ正教会はコンスタンティノープル総主教のもとにあって、セルビア正教会はモスクワ総主教のもとにあり、ここで反目が生まれたというのがその理由なのです。

ウクライナのEU接近が意味するもの

では、ロシア・ウクライナ戦争を宗教対立という側面で見た場合はどうでしょうか。

そもそもウクライナ紛争はウクライナがEUに接近を見せたことへのプーチンの警戒心が引き起こしたという見方があります。それは間違いではありませんが、100点満点の答えでもありません。

先にも書きましたが、ロシア人には潜在的なヨーロッパ・コンプレックスが根強くあります。

もっとも、ピョートル大帝の時代、ロシアはヨーロッパの強国としてその名をとどろかせていました。大帝は首都をサンクトペテルブルクに移します。ここは湾岸都市で、ヨーロッパの海の入り口です。詩人のアレクサンドル・プーシキンは「彼（ピョートル大帝）はヨーロッパに窓を開けた」という有名な言葉を残していますが、この時代、ロシア帝国は外交でも貿易でも海軍力の面でも急速に発展していきます。

これは余談ですが、第1次世界大戦が始まると、ロシアは敵国のドイツ語由来のサンクトペテルブルクという呼称を嫌い、ペトログラードに改名しました。ペトログラードは「聖ペトロの町」という意味ですが、ペトロをロシア風にいうとピョートルになります。つまり、「ピョートルの都市」という意味もあるのです。

しかし、ロシア革命後、内乱を経て、首都はモスクワに移されました。理由はいくつかあります。ペトログラードは内乱の当事者である反ボリシェビキの牙城だったので、これを切り捨てて兵糧攻めにするのがひとつ。あと、防衛上、ヨーロッパにいちばん近いペトログラードに首都を置くことは危険と判断したためです。つまり、モスクワ遷都はソ連の脱ヨーロッパを意味し、世界地図を書き換えるための大事業でもあったといえます。やがて鉄のカーテンに象徴される東西冷戦の時代に入るのでした。

話を戻します。冷戦終結後30年を経て、ウクライナはヨーロッパかソ連かという選択を迫られるなかで、ヨーロッパを選んだわけです。EUに入るということは、すなわちNATOに加わることにほかなりません。NATOはもともと対ソ連を目的につくられた軍事同盟ですから、ロシアにとって、かつてのソ連構成国であるウクライナのNATO入りは許しがたい裏切り行為となるのです。

一方、ウクライナからすれば、歴史的に見てモスクワにはさんざんいじめられてきたわけで、これ以上いじめられないためにも、ヨーロッパの軍事同盟に加わるのは当然だということになります。

プーチンが敬愛する「二人の皇帝」

プーチンがピョートル大帝を崇拝していることはつとに知られています。ピョートル大帝が長年にわたってスウェーデンと激しい領土戦争を繰り返してきたことを引き合いに出し、また自分を大帝になぞり、「あの土地（スウェーデン）は本来、スラブ民族のものだったのだ。大帝は土地を奪ったのではない。奪い返したのだ」「われわれもまた失われた領土を取り戻すのだ」と演説したこともありました。これはウクライナを前提にソ連領土の奪還宣言を意味していますす。いや、彼の野望はソ連にとどまらず、最終的にはロシア帝国の再興にあるのです。このへんは習近平が主張する「偉大なる中華民族の復興」とよく似ているかもしれません。習近平が台湾を決してあきらめないように、プーチンは決してウクライナをあきらめることはないでしょう。

もうひとり、プーチンが尊敬してやまない歴史上の人物がエカチェリーナ女帝です。彼女はトルコとのあいだに数度の戦争を起こし、ウクライナ東部やクリミアを領有した張本人です。これをもってプーチンはロシアのウクライナ領有の正当性としています。

ピョートル大帝はロシア正教会の総主教を廃止し、皇帝（ツァーリ）を教会の首長と定めました。つまり、ピョートルはみずからを政治的な最高権力者であるとともに宗教的な最高権威者であるとしたのです。エカチェリーナ女帝はプロイセン将軍の娘で、ピョートル3世（大帝の孫）との結婚を機にルター派からロシア正教に改宗しています。その信仰は敬虔なものだったといいますが、同時に正教会の権威の力を知る現実主義者でもありました。その証拠に、正教会の協力を得てクーデターで夫を退位させ、みずから皇位につくのです。

皇帝（ツァーリ）がロシア正教の権威的存在であるということは、逆にいえば、ロシア正教会を制した者こそが皇帝（ツァーリ）であるという意味にもなります。

総主教・キリル1世は元KGBのエージェント

革命後は歴史の表舞台から姿を消したロシア正教会ですが、その権威を復活させたのは、ほかならぬプーチンでした。プーチンは正教会で洗礼を受けている先祖代々の正教徒です。とはいえ、正教会の復権は純粋に彼の信仰心によるものとはいいがたいものがありました。正教会の権威を利用して自分の権力にお墨付きを与えることが第一の目的だったのです。

CNNの報道によれば、現在の総主教・キリル1世はプーチンの70歳の誕生日を祝福し、「プーチンはロシアを統治するよう神によって定められている」と主張したといいます。

　キリル総主教はプーチン氏宛ての書簡で「神があなたを権力の座に就かせた。国と国民の運命にとって特別重要で、大きな責任を伴う職務を果たせるようにするためだ」と述べた。

　キリル総主教は聖職者に対し、7~8日の2日間、プーチン氏の健康を祈るよう呼び掛けた。（CNN、2022年10月8日）

キリル総主教は対ウクライナ戦争に関して、つねに強硬なまでの支持を表明しており、また、反ＥＵ、ロシアの潜在的領土奪還ということでもプーチンと意思がひとつであることでも知られています。じつは彼はミハイロフというコードネームを持つＫＧＢの元エージェントであったともいわれ、やはりＫＧＢ出身のプーチンとは刎頸（ふんけい）の関係にあったのです。というより、ロシア正教会は完全にプーチンの支配下にあり、教会によるプーチンのイコン化も進んでいます。

２０２０年６月に、モスクワ郊外にプーチンの肝煎りによる「ロシア軍事大聖堂」が完成しました。第２次世界大戦の独ソ戦での勝利を記念するものだそうですが、聖堂内部にはスターリンやプーチンを聖人として描いたモザイク画があったとのことです。さすがに、これは世論の激しい反対にあい、公開前に撤去されたようですが。

まさに正教会を制した者こそが皇帝（ツァーリ）であるということをプーチンは証明しようとしているのです。

とはいえ、今回の戦争では多くの敬虔な正教徒が戦死しており、プーチンのキリルの教会の私物化には西側の宗教界から強い反発も起こっています。ローマ・カトリック教会のフランシスコ教皇はキリル総主教にプーチンの「侍者（じしゃ）」になってはならないと警告していますが、もとより二人の耳には届いていないでしょう。

アンゲラ・メルケルが見たプーチンの性癖

国際社会でますます孤立を深めるプーチンですが、世界のリーダーで唯一、彼に真正面から意見をいえる存在といわれたのがアンゲラ・メルケル元ドイツ首相でした。

メルケルは冷戦時代の東ドイツの生まれで、ロシア語に堪能。プーチンはKGB時代に東ドイツに赴任していた関係でドイツ語も話せます。二人の首脳会談は相手側の母国語を交えながら、長いときには食事を挟んで15時間におよぶこともあったようです。

2014年にプーチンがクリミアをウクライナから強奪するかたちで併合し、東部ドンバス地域を一部占拠した段階で停戦を受け入れたのは、メルケルの粘り強い説得によるものだというのが定説です。そのメルケルが退任した2カ月後にロシアはウクライナに再び攻め入り、全面戦争に突入しています。そのためプーチンに再び停戦を決意させることができるのはメルケルだという声もちらほら聞こえますが、そうはうまくはいかないでしょう。

それはさておき、プーチンとメルケルが不思議と波長が合うのはたしかなようです。この曲者(くせもの)二人を結びつけたのも、やはり宗教でした。

プーチンは東ドイツ駐在中にドイツ・プロテスタンティズムが持つ根強い社会結束力——政

治的なものも含みますが――に注目し、個人的に研究していて、ある程度の好意を持っていました。

一方、メルケルは牧師の娘として育ち、ベルリンの壁崩壊後は白衣を脱ぎ捨て（彼女は物理学者でした）、CDU（ドイツキリスト教民主同盟）に入党するのです。やがて党首となり、ドイツで最初の女性宰相の座に輝きます。

CDUはその名のとおり、キリスト教主義を掲げる保守政党です。ロシア正教会をバックに戴くプーチンとはその点で話は合ったのでしょう。それからメルケルもまた女性政治家としてエカチェリーナ女帝を敬愛していました。

もっとも、二人の気が合うといっても、肝胆相照らし、信頼し切っている仲というより、どちらかというとキツネとタヌキの化かし合いというか、腹に一物隠しながらも談笑できる、そんな間柄といったほうがいいかもしれません。さしずめ狡知に長けた冷血漢のキツネがプーチン、食えない古ダヌキがメルケルといったところでしょうか。

こんなエピソードがあります。メルケルは外務大臣時代に隣家の飼い犬に襲われて十数針を縫う重傷を負って以来、犬を苦手としていました。その情報をひそかに得ていたプーチンが、わざとメルケルに犬のぬいぐるみをプレゼントしたことがあります。また、プーチンのソチの別荘での会談では会談場所に愛犬のラブラドールをわざわざ呼び寄せ、メルケルの足もとにじゃれさせるといういたずらもやっています。そのときのメルケルは動揺を見せないよう懸命に無表情を装いながらも、顔色は蒼白だったといいます。

しかし、プーチンの子どもじみた意地悪の真意はなんだったのでしょう。女傑メルケルに対して精神的に有利に立とうとしたのか、彼女のとっさの行動から、その腹のなかを探ろうという意図だったのか、あるいはたんなる悪い冗談だったのか、それは不明です。ある種の「趣味」としかいいようがないかもしれません。

「ニヤニヤ笑いのサディスト」。それがメルケルのプーチン評です。また、彼女はこんなこともいっています。「彼（プーチン）が話すドイツ語はKGBのエージェントそのものだ」。

やはり、というか、タヌキはキツネを心の底からは信用していないようです。

世界総主教から独立を承認されたウクライナ正教会

ウクライナ侵攻には、その前触れとして、ウクライナのEUへの接近のほかに、ウクライナ正教会のロシア正教会からの独立という事件がありました。つまり、前者がロシアから見たウクライナの政治的、軍事的な裏切りなら、後者は宗教的な裏切りとなります。

もともとウクライナの正教会はキエフ系とモスクワ系に分かれていましたが、これを統合してひとつの独立した正教会をつくりたいという動きは、1991年のウクライナの独立のころからありました。ロシア正教会がウクライナ正教会を傘下に置いたのは17世紀のことです。ウクライナはソ連から分かれて独立国を建国するにあたって、約300年ぶりに自分たちの正教会を持つことを渇望したのです。そして2018年にウクライナ正教会はトルコにあるコンスタンティノープル世界総主教から正式に独立を承認されました。

これに激怒したロシア正教会のキリル総主教はコンスタンティノープル世界総主教を破門し、これに対抗するように、コンスタンティノープル世界総主教もロシア正教会を破門することとなり、近代キリスト教史上最大のスキャンダルに発展したのです。

ロシア正教会はコンスタンティノープル主教座をモスクワに引き継いだと独自の解釈をしており、そもそもコンスタンティノープルにいまも首座主教の座があること自体が目ざわりだったに違いありません。そこから破門されたというのは衝撃的なことといえました。

ロシア正教会は正教会の最大勢力を自任し、コンスタンティノープル世界正教会に対しても、つねに強気の態度を示してきたという経緯があります。2016年にギリシャのクレタ島で開催された正教会の公会議（ソボール）において、ウクライナ正教会問題を議論することを不満として、これをボイコットしたのは、そのいい例でした。

ウクライナ正教会に埋められた大量の惨殺遺体

モスクワの主教座は近世に入って置かれたもので、古代キリスト教以来のコンスタンティノープル主教座と比較すれば、伝統という点でも格式の点でも大きく譲るものがあるのは厳然たる事実です。ウクライナ正教会はイエスの使徒アンドレアのキエフ訪問に由来するといわれています。「聖アンドレアは小アジア（アナトリア半島）とスキタイ（現在のウクライナとロシア南側）に伝道し、黒海に沿ってヴォルガ河にまで行った」という伝承があります。

ウクライナの首都キーウの北西に位置するブチャの街の小高い丘に建つペパーミントブルーの美しい教会、それが聖アンドレア教会です。2022年4月にこの聖なる敷地内で15体の遺体が見つかり、掘り起こされました。それらの遺体は首が切断されていたり、黒焦げにされていたり、無理なかたちに拘束されていたり、どれもがむごい姿で地中に埋められていました。なかには生きながら埋められたらしく、土をかきむしったあとも残っていたそうです。今回の戦争によるロシア兵の残虐行為の痕跡です。その後、敷地内からさらに100体あまりの遺体が発見されています。最終的には300体近い遺体が埋まっているのではないかと見込まれています。

虐殺のむごたらしさはもちろん、それを教会の敷地に打ち捨てるようにして埋めるこのロシアの行為に対してウクライナ人の憎悪はきわみに達し、結果的に彼らの団結をより強固なものにすることになったのです。

カトリックに改宗したゼレンスキー大統領

プーチンの妄想にもとづくロシア帝国の復活。これの前に立ちふさがるかたちで出てきたのがウクライナのＥＵ、そしてＮＡＴＯへの接近、そしてウクライナ正教会の独立でした。さらにプーチンをいら立たせたのがコメディアン上がりの口八丁なウクライナ大統領・ゼレンスキーの存在です。

ゼレンスキーはユダヤ人ですが改宗し、現在は東方典礼カトリックの信徒となっています。東方典礼カトリックとはビザンチン式典礼を行うカトリック教会で、むろん頂点とするのはローマ教皇です。正教会とやや近いところもあり、カトリックのなかでは異質な存在ですが、ウクライナのカトリック教徒ではむしろ多数派です。また、ポーランドにも多くの信徒がいます。カトリック教徒のゼレンスキーは、信仰を通してもヨーロッパにより強いシンパシーを感じているといっていいわけです。

ロシア正教会を後背に置き、ロシア帝国の再建を目指し、みずからを皇帝とせんとするプーチンにとって、ゼレンスキーの「脱露入欧」は許しがたいものなのです。

プーチンのウクライナ侵攻は、こういった種々の要素が複合的にからみ合って始まったと見るのが妥当ではないか。つまり、ロシア・ウクライナ戦争とは、その背景にロシア対ヨーロッパ、ロシア正教会対ウクライナ正教会、ロシア正教会対東方典礼カトリック、ロシア正教会対コンスタンティノープル主教座という複雑な宗教対立の構図を持っていると見るべきでしょう。これが私のいうロシア・ウクライナ戦争＝宗教戦争論です。

宗教戦争、すなわち「聖戦」ですから、経済合理性や地政学で測ることは無意味といえます。この戦争が引くに引けない泥沼と化していくのは必至でしょう。たとえ、いま、停戦が実現しても、またいつかロシア軍が国境を越えて侵攻してくるはずです。プーチンが生きているかぎりは、の話ですが。

ポーランドがウクライナ避難民を受け入れた背景

ポーランドは今回のウクライナ侵攻に際し、真っ先に国境を開き、避難民を受け入れ、手厚い保護を与えた国です。現在、ポーランドに住むウクライナ人は侵攻以前に移り住んだ人も合わせて300万人程度といわれています。

ポーランドとウクライナは、時にロシアに、時にナチス・ドイツにいじめ抜かれたという共通の歴史を持っています。ポーランドは第2次世界大戦中にドイツとロシアに分割され、ドイツの占領地では知識人を中心に大量の民間人がユダヤ人、ポーランド人の区別なく虐殺されています。ウクライナにおけるナチスの所業は前述したとおりです。ユダヤ系であるゼレンスキーの祖父母やその兄弟は、ホロコーストの犠牲者として名を刻んでいます。

むろん両国はソ連による迫害も忘れたわけではありません。先に記したとおり、血統的に近いスラブ人同士のほうが受けたことへの恨みは根強いのです。

そのほか、国の面積もほぼ同じで、多民族、多言語国家というところも共通しています。ポーランド語とウクライナ語は言語的に近く、意思の疎通は比較的容易だそうです。ちなみにエスペラントの創案者として知られるルドヴィコ・ザメンホフはユダヤ系ポーランド人の眼科医でした。

何よりポーランドはカトリックの国です。「パーパ」の愛称でも知られ、日本で最もなじみが深かったローマ教皇ヨハネ・パウロ2世はポーランドの人で、社会主義圏最初の教皇でもありました。ナチスとソ連、二つの全体主義を経験した彼は反戦主義者であると同時に、共産主義に対して強い警戒心を持っていたといわれています。

現教皇のフランシスコとゼレンスキーの関係は良好です。ゼレンスキーは教皇から「ウクライナの平和と停戦のために祈っている」と直接、電話をもらっています。教皇のこの言葉で、ゼレンスキーはバチカンのウクライナ支持をとりつけたことを意味します。

正直、一般ポーランド人の対ウクライナ観は微妙なところもありますが（戦争難民としてのウクライナ人の大量流入を快く思っていない人も少なくない）、歴史的に見た共通の敵（ロシア）を前にして、宗教的価値観の共有が互いを結ばせているともいえるのです。ウクライナからすればＥＵ、そしてＮＡＴＯ加盟国のポーランドは今後を占うよきお手本となってくれることでしょう。

「ロシア正教会離れ」が進むロシア軍

一方、ロシア正教会を戴くプーチンのロシア軍はというと、どうも一枚岩とはいかないように見えます。

ロシア人にも信仰は残ってはいますが、１００年近いソ連共産党支配で教会の求心力はすっかり弱まっているようです。そのうえ、プーチンの盟友たるキリル総主教のいうことは原理主義的で復古主義にすぎ、人心に響くとはいいがたいのです。

たとえばキリル総主教は説教のなかで、プライドパレード（同性愛者をはじめとする性的マイノリティの権利を主張するパレード）を西側世界の堕落文化の象徴として、ウクライナ侵攻はこれに抗うための聖戦であるとまでいっています。「どちらの立場に与するかのテストは、あなたの国がプライドパレードの催しを受け入れるかどうかになる」と世界に向かって「警告」しているのです。これは同性愛を許容する国は敵だといっているに等しい。同性愛の是非はともかく、総主教の主張はあまりにも時代に逆行的といわざるをえません。こんな理念のために命を捨てて戦おうという若者が果たしてどれくらいいるだろうか。

とにかくプーチンに従順で戦争に前のめりな姿勢のキリル総主教についていけず、軍事攻勢に公然と反対を示す司祭も現れてきました。2022年3月には「われわれはウクライナの兄弟姉妹が不当に受けた試練を嘆く」として軍事侵攻の即刻停止を求める公式発表がされた書簡に、聖職者ら286名以上が署名しているのです。これに激怒したプーチンは国内におけるいっさいの反戦運動を禁じ、最高懲役15年の刑を科すとしています。

また、若者の国外脱出による兵不足を補うために、国内に残る男子なら、ヤクザ者だろうが文字も知らないような無学な者だろうが、手当たり次第、強引な徴兵で引っ張っていったために、軍にイスラム教徒など他宗教の者が増えてきました。もはやロシア正教会の名のもとに領土奪還を目指すという大義は形骸化しようとしています。ちなみにセルゲイ・ショイグ国防大臣は正教徒ということになっていますが、これは改宗によるもので、もともと彼はトルコにルーツを持つアジア系の少数民族（モンゴロイド）で、仏教徒でした。このようにロシア軍も多宗教化しています。

ロシア正教会によるロシア帝国復興というプーチンの壮大な野望は、すでに妄想の類いと化してしまったのです。

第6章 インテリジェンスが見た戦争の「本当の勝者」

戦争は「誰がいちばん得をするか」から読み解く

当初は2カ月で終わるだろうといわれていたこの戦争も、ついに年を越してしまいました。戦争というものは概して人々の予想どおりに決着はつかないものです。そして多くの場合、泥沼化します。

過去でいえば、日中戦争がそうでした。日本軍も、それに中国共産党軍との内戦を控えていた蔣介石の国民党軍も、事変の拡大を決して望んではおらず、早期解決を模索していました。しかし、どうにか和解の策が見つかりそうになるたびに不可解な事件が起こり、戦闘継続を余儀なくされ、双方に多大な被害を残したのです。4カ月もあれば日本を世界地図から消して見せるとアメリカが大見得を切って始めた太平洋戦争――日本の立場からいうところの大東亜戦争――も、ある意味では泥沼化した戦争といえるでしょう。

そして忘れてならないのがベトナム戦争。本来は南北に分かれたベトナムの統一戦争でしたが、自由主義陣営の南ベトナムを支援するという名目でアメリカを中心とした国連軍が介入。対する北ベトナムには中ソが肩入れをし、文字どおりの泥沼を演じました。結局、アメリカが撤退するまで10年以上もかかり、物心両面の傷をアメリカに残し、40年以上たったいまも、それは完全に癒えていないようです。イラク戦争は比較的短期に終わりましたが、アメリカ占領後のカオスはまた泥沼というにふさわしいでしょう。

かように一度戦火を交えてしまうと、なかなか落としどころを見つけにくい。言い換えるなら、戦争は始めるのは簡単だが、終わらせるのは難しいということになります。

なぜなら、戦争は戦っている当事国とは別の第三国たる大国の思惑がからんでくるからです。たとえば別章でも触れましたが、この戦争ではアメリカをはじめ、多くの国がウクライナに武器支援をしています。それらは戦車や航空機のほか、ドローンやジャベリンなどの最新ハイテク兵器であり、戦争が兵器の見本市の意味を担っているということも触れたとおりです。つまり、第三国にとって戦争は投資でもあるということです。

投資ですから当然、リターンを考えます。「この兵器は、とてもすばらしい。わが国にも欲しい」ということで大量注文が来れば、ウクライナにタダで渡した分なんて、すぐ元が取れるわけです。となれば、十分なリターンが見込めるまでは、できるかぎり戦争が継続してくれたほうがいいということになります。

戦争を語るとき、その戦争で利益を得ている第三国はどこか、どの国の企業体であるのかを知ることが、戦争というものを理解する手がかりになると思うのです。

第9条があっても他国の戦争に巻き込まれる時代

よく、空想的平和主義者は憲法を改正したら日本は戦争をする国になる、集団的自衛権を認めたら他国の戦争に巻き込まれるなどといって反対の声を上げたがります。この「他国の戦争に巻き込まれる」論は60年安保闘争のときからいわれている古いフレーズです。

しかし、そんなものがなくても、日本は他国の戦争に巻き込まれていることを自覚しなければいけません。江戸の鎖国時代なら、日本はヨーロッパの戦火とはまったく無縁、無関心、無知で、東洋の片隅に閉じこもりながら独自の発展を遂げることが可能でした。日本が鎖国をしていたころ、世界はまだ北半球、南半球、西洋、東洋のブロックに分かれていたのです。しかし、200年のあいだに世界は大きく変容していました。黒船来航によって日本はようやくキリスト教国による中南米、アジアの植民地化とロシアの南下政策を目の当たりにするのです。

21世紀のいま、世界は鎖国時代とは比べようもなく狭くなっています。グローバル時代と呼ぶにふさわしく、戦争もグローバルです。原爆を落とすのにも、4トンもするリトルボーイをB－29に搭載し。目的地の上空にまで運ぶ必要はありません。核弾頭を積んだICBMの発射ボタンを押せば、数分後には地球の裏側の国を火の海にすることができるのです。

先にベトナム戦争の例を出しましたが、現代において厳密な意味での一国対一国の戦争というものはありえません。二つの国をとりまく国々が片方どちらかに加担、支援しなければ成立しないようになっています。冷戦時代は、それがより鮮明でした。「自由主義を守るため」「帝国主義を倒すため」など名目はいろいろありますが、それはあくまで建て前で、目的は自国の利益や利権のためにほかなりません。人類は世界大戦というものを2度だけ体験してきました。しかし、その間、あるいはその後、「世界小戦」、あるいは「世界中戦」と呼べる戦争を幾度となく体験し、なんらかのかたちで参加してきたのです。

実際の戦闘行為にかぎりません。世界経済もまたグローバルです。地球の片隅で起きた戦争は、なんらかの経済的影響をともなって日本を直撃します。たとえば過去の中東戦争では原油の高騰による物流麻痺（まひ）、モノ不足と狂乱物価で日本中がパニックになり、トイレットペーパーの買い占めという怪現象が起こりました。つまり、遠く中東の戦争に日本は「巻き込まれた」かたちです。

憲法を改正しようがしまいが、他国の戦争に巻き込まれるといった意味がおわかりになったかと思います。

なぜ、ドイツはロシアにエネルギーで依存し続けるのか

ロシア・ウクライナ戦争においても世界経済への影響は深刻です。その最も顕著なものはエネルギー問題であることは論をまたないでしょう。

ロシアのウクライナ侵攻に対して西側諸国は経済制裁を科していますが、ヨーロッパ諸国、それに日本はロシアから天然ガスや石油を輸入しているわけですから当然、返り血を浴びることも覚悟しておかなくてはいけません。

とくに統一前の西ドイツの時代からソ連に天然ガスを依存しているドイツは、この戦争では真っ先にダメージを受けているようです。

そのドイツですが、西側にいながら社会主義の親玉であるソ連からエネルギーを買っていることに当時、アメリカやヨーロッパ各国から非難もありましたが、「政治と経済は別問題」という態度を取り続け、これをかわしてきた経緯があります。ドイツは経済的にソ連と関係を深めることで、ロシアともアメリカとも微妙な距離を取ることに成功しました。このあたりはドイツのじつにしたたかなところだと思います。同じ敗戦国でも、これが日本だったら、アメリカににらまれた時点であたふたしてしまうことでしょう。

ドイツがロシアに依存するということは、逆にいえば、ロシアがドイツに依存せざるをえない状況をつくるわけですから、政治的な緊張を和らげ、安全保障面でのメリットとも合致するわけです。もちろん、どんな相手であっても、過度の依存は危険な部分も孕みます。現に、それがいま、ツケとなってドイツにのしかかっているのです。

メルケルとプーチンはウマが合うという話は別章でも触れました。そのせいかどうかは知りませんが、メルケル政権下でロシアからドイツへと天然ガスを運ぶ長距離海底パイプラインが、ノルドストリーム1に加えて、ノルドストリーム2がつくられています。

ノルドストリーム1は全長1222キロメートル、新しく開通した2は1230キロメートルです。ノルドストリーム2が稼働すれば、1と併せてドイツは天然ガスの7割をロシアに依存することになります。これはドイツ、ひいてはヨーロッパがなかばロシアに命綱を握られてしまうことを意味して大変危険ですし、アメリカからしても見過ごしてはおけないことです。

2018年7月にトランプがNATO事務総長のイェンス・ストルテンベルグ（ノルウェー）との会話のなかで、「アメリカがドイツを守るために数十億ドル払っているのに、ドイツはロシアに（ガス代として）数十億ドルを支払っている」と露骨に不満を表しています。これに対し、古ダヌキのメルケルは「ドイツは独立国だ（指図は受けない）」とはねのけています。

しかし、そのドイツとロシアのエネルギー蜜月も、ウクライナ侵攻で赤信号が灯った状態です。絶縁を言い渡したのはドイツではなく、ロシアのほうでした。欧米諸国がロシア制裁を強めるなか、これに猛反発したプーチンがノルドストリーム1による天然ガスの供給を大幅に減少。さらに2022年8月には保守点検を理由に停止状態に入りました。ノルドストリーム2はまだ稼働前だったので、これでロシアからのヨーロッパへの天然ガス供給は完全にストップしてしまったのです。

さらに9月にはバルト海のボーンホルム島近郊でパイプラインが欠損し、大量のガス漏れが起こり、海上にガスが噴出しました。運営するノルドストリームAG社は事故であると主張していますが、ロシア側が故意にパイプラインを爆破した可能性が疑われています。

ヨーロッパの対ロシア政策が崩れる危険性

ドイツでは環境保護を訴える政党・緑の党が伝統的に強い影響力を持っており、脱原発、脱炭素、風力発電促進を早くから目標に掲げていました。2021年12月の総選挙ではメルケルがいるCDUへの国民の不信も手伝って大躍進。現在ではSPD（社会民主党）、FDP（自由民主党）と連立を組み、与党の一角を担っています。副首相兼経済・気候保護大臣を務めるのは緑の党のロベルト・ハーベックです。ドイツはメルケル時代から2022年までに原発を全廃することを公約としていました。いまだそれは達成途上ですが、現政権の顔ぶれを見ても、その公約は引き継がれるようです。

原発を廃し、石炭火力も放棄し、そのうえロシアからの天然ガスが入ってこないとなるとどうなるか。ちなみにドイツは石炭もロシアからの輸入に頼っているのです。風力をはじめとする再生可能エネルギーの実用化など夢のまた夢の話といえます。アメリカやカタールからLNG（液化天然ガス）を輸入することを考えているようですが、それにしてもタンカーで港に運び入れるわけですから、ターミナルをはじめ、インフラの整備から始めなくてはいけません。すぐには無理な話です。緑の党は2030年には石炭火力も終了するというムチャな公約を掲げています。

現在、ドイツでは深刻なエネルギー不足に陥り、電気代、ガス代がともに8割弱の高騰を見せ、慌てて政府が電気代の上限制を導入することを決めました。また、導入までのあいだ、ガス代を一時免除したり、公共の交通機関を一律料金で乗り放題にする定期券を発行したりして国民を納得させようとしていますが、これも対症療法にすぎないでしょう。

国民の不満はきわみに達し、ロシア制裁から離脱せよという声も日増しに高くなっているようです（*）。

ヨーロッパの対ロシア政策の足並みがドイツから崩れ落ちていく可能性さえありうるかもし

れません。

　とはいえ、やはりドイツというのはしたたかな国です。自国の原発を廃止することを公約にしながら、不足分の電気をフランスから輸入していたりします。フランスはご存じのとおり、世界一の原発大国です。その意味ではドイツもまた原発に頼っているということに変わりはないのです。

　そもそもノルドストリームの推進者だったゲアハルト・シュレイダー元首相は政界引退後、ロシアのノルドストリームAG社の会長職にありました。ほかにもロシア国営の石油会社ロスネフチ社の会長にも就任しており、ロシアの資源ビジネスに深くかかわっていることがわかっています。完全に癒着です。

　したたかさではドイツの上を行くロシアは西側の制裁を受け、さらにノルドストリームの親会社である国営のガスプロムの取締役のポストまで用意してシュレイダーを懐柔し、独露エネルギー・ビジネスを堅固にしようとしましたが、さすがにこれはドイツ国民の激しい怒りを買い、実現しませんでした。

　もっとも、ウクライナ侵攻が始まったとたん、ロンドン証券取引所では侵攻前6ドル強であったガスプロムの株価が1ドル以下に大暴落していますから、シュレイダーが心中覚悟でロシアの要請に乗ったかはわかりません。

シュレイダーの所属政党だったＳＰＤは、とばっちりを避けるためか、ホームページにある「偉大な社民党議員」の名簿から彼の名前をいつの間にか削除しています。

とはいえ、シュレイダーひとりを戦犯に仕立てて断罪するのも酷というものかもしれません。ＥＵの優等生とまでいわれたドイツの経済発展はロシアからの安価なエネルギーによるところが大きかったのも事実です。この恩恵をドイツ国民はむろんヨーロッパ全体も受けているはずですから。もしドイツがなければＥＵはガタガタになっていたでしょう。

シュレイダーからすれば、ノルドストリームは自分が音頭取りをして建設にこぎつけたのだという自負がありますから、それをそのまま次期政権のメルケルに明け渡すことに忸怩たる思いもあったことでしょう。花が残らないなら、せめて実をと、ロシアの誘いに乗っかったのかもしれません。

＊但馬オサム注＝ウクライナに対し、これまで少数の中古戦車の供与で体面を保ってきたドイツが、２０２３年２月にレオパルト戦車の本格供与を決めた。ドイツも対ロシアに完全シフトしたようだ。

ソ連崩壊の舞台裏を苦々しい顔で見ていたプーチン

広大なロシアは資源大国でもあります。石炭、石油、天然ガス、すべてを自国で賄うことができます。そのどれもが良質です。また、金やダイヤモンド、ウラニウムなどの鉱物資源も豊富で、かつてダイヤモンドといえば南アフリカが主な産出国として知られていましたが、いまでは世界のダイヤモンド市場の30%をロシア産が占めるほどになっています。

プーチンが権力を掌握する前、ボリス・エリツィン大統領の時代、ロシアにとって最大のお得意さまはアメリカでした。親米派のエリツィンは、それらの資源を安くアメリカに提供していたのです。アメリカもまた改革開放の立て役者であり、冷戦終結の英断者であるミハイル・ゴルバチョフの後継者であるエリツィンを歓迎しました。

それを苦々しい顔で見ていたのがプーチンだったといいます。このころ、すでに彼の意識にロシア帝国の復活のビジョンがあったかは定かではありませんが、世界に真の大国はひとつしかいらない、それがロシアだという強い信念は持っていたようです。その彼からすれば、かつての敵国アメリカに屈し、そのアメリカを肥え太らせるようなエリツィンのやり方は正直、我慢ならなかったのでしょう。

また、市場経済の拡大はユダヤ系の新興財閥をロシアに生むことになります。プーチンの眉をひそめさせる要因でもありました。プーチンは露骨な反ユダヤ主義者ではありませんが、財閥の政治介入を嫌います。とはいえ、政権維持には財閥の力もある程度は必要なわけで、そこは痛しかゆしの存在というところでしょう。

結局、急進的な自由競争の導入がハイパーインフレを引き起こし、チェチェン紛争での強引なやり方が国際社会からの非難を呼んで、エリツィンは事実上失脚し、プーチンにバトンを渡さざるをえませんでした。

晩年のエリツィン（2007年没）は政治からの完全引退を条件に、プーチンからはそれなりの庇護を受けているという話が漏れ聞こえていましたが、ミハイル・カシヤノフ元首相によれば、ゴルバチョフが受けたような幽閉状態こそ免れたものの、実質的にプーチンの監視下に置かれ、電話も盗聴されていたとのことです。その姿はソ連共産党第1書記にまでのぼりつめ、スターリン時代からの大転換を図りながらも1964年のクーデターにより失脚し、晩年は蟄居（ちっきょ）生活を余儀なくされたフルシチョフにどこか重なります。歴史は繰り返されるのです。

もともとプーチン大統領によって首相に取り立てられたカシヤノフでしたが、その実力は侮りがたく、次期大統領の最有力候補とまでいわれていました。結局、プーチンに疎まれて更迭されてしまうのですが、解任後は反プーチン派の野党勢力政治家として活動しており、今後とも目が離せない人物です。

ロシア・ウクライナ戦争で笑いが止まらない人々

プーチンにとって、アメリカはやはり最大の宿敵です。

大国ロシアに対して大善戦のウクライナですが、そのための膨大な戦費を援助しているのはアメリカです。およそ800億ドルといわれています。そしてウクライナの国債を全部引き受けているのがロスチャイルド財閥です。もちろん、IMF（国際通貨基金）もこれにからんでいます。ウォール街の投資家から60億ドル規模の債務支払い免除を引き出しているのです。

そのため、アメリカは着々と戦略を打ってきました。戦争が始まる数年以上前からアメリカの大手投資会社フランクリン・テンプルトン・インベストメントがウクライナの証券をしっかり買い占めているのです。同社は2015年8月末に額面でおよそ50億ドルのウクライナ国債の買い占めに成功しています。同国の国債発行残高の5分の1を占める額です。ブルームバーグによれば、この投資ファンドはアメリカの司法権のもとで活動し、その実質的なボスはロスチャイルド一族だというのです。

これがロスチャイルド家のやり方なのです。たとえば古くはナポレオン戦争のとき、ロスチャイルド家はイギリスの戦時国債を大量に購入し、さらに独自の情報操作でもって巨額の利益を上げました。当然ながらロシア・ウクライナ戦争でもそれを狙っているでしょう。メディアを通して流れる情報も鵜呑み(うの)にすることはできません。

アメリカではFRB（連邦準備制度理事会）が金融引き締めに奔走するなか、ウクライナ支援という名目さえあれば、そこに莫大な予算がつき、アメリカ企業の大量の物資が戦地に送られるのです。アメリカのインフレがいっこうに収まらないわけですが、一方で戦争特需で笑いが止まらない企業も多く存在します。彼らにとって稼ぎのタネでもある戦争は1日でも長く続いてほしいはずです。

アメリカだけではありません。イギリスもまた少なからず恩恵を受けています。ボリス・ジョンソンは首相時代に戦争が始まるやいなやプーチン批判の先頭に立ち、いち早くキーウを訪問するなど国内外に存在をアピールしてきました。結果的に辞任に追い込まれましたが、彼自身というより、彼が所属する保守党内や閣僚の不祥事の詰め腹を切らされた結果にすぎません。いまでも個人的な人気は高いと思います。なんといってもブレグジッドという大仕事をやってのけた首相ですから。

ジョンソンのバックにあるのはシティ・オブ・ロンドン（シティ）。シティはイギリス最大の金融街で、アメリカのウォール街、日本の兜町(かぶとちょう)のようなもの。そのシティの一角をなすのがロスチャイルド銀行。そのロスチャイルドがウクライナに膨大なお金を融資しているわけです。お金を貸すだけでは儲からないので、ウクライナの国債を一手に安い値段で押さえている。この戦争で日本も含む世界中の国がウクライナ支援の名目でお金を出す。そのお金がどこに行くかといえば、巡りめぐってロスチャイルドの金庫に入るという寸法です。

エネルギー資源が牽引するアメリカ経済の復活

アメリカのインフレもそんなに長く続くとは思えません。アメリカの好景気は目に見えるところまで来ているのです。

現に2022年10月のエネルギー価格を除く財価格は前月比−(マイナス)0・4%と低下しており、価格上昇が止まりつつあることを示しています。物価の上昇とともに賃金もアップしているので、総じて健全なインフレといえるのです。日本からアメリカに旅行に行った場合、物価高と円安のダブルパンチで、アメリカはなんて住みにくい国なのだと思うかもしれませんが、ここにきて賃金の高止まりも見え、アメリカ経済は落ち着きを取り戻しつつあるようです。

中間層の懐を直撃しているのが石油を中心としたエネルギー資源の高騰ですが、むしろこれは中期的に見ればアメリカの景気に十分に還元されるはずなのです。なぜなら、世界的な石油需要の高まりでシェールオイルへの再評価が始まっているからです。

シェールオイルとは地下深くの頁岩（けつがん）層に眠るオイルのことで、特殊な方法で液化、あるいはガス化して抽出します。頁岩というのは泥が堆積して固まった堆積岩の一種です。堆積面の水平方向に薄く割れやすく、この割れた薄い岩の層が本の頁（ページ）のように見えることから、この名があります。頁岩のなかの有機物が何千年、何億年の月日を経て変化したものがシェールオイルといえます。２０００年代にアメリカとカナダで試掘が行われ、その結果、アメリカの地下には約２６４０億バレルのシェールオイルが眠っていることがわかったのです。これでアメリカはサウジアラビアを抑え、世界一の産油国に認定されました。

シェールオイルの生産は２０１９年にピークを迎えましたが、コロナ禍による石油価格の下落にともなう採算の問題、何よりバイデン政権の脱炭素化政策の影響によってプロジェクトから撤退する企業が相次ぎ、足踏み状態が続いていたのです。このシェールオイルに再び世界の注目が集まり始めています。２０２３年には２０１９年を上回る原油生産量が見込まれ、テキサスでは降って湧いたような石油ブームに浮かれている状況です。

それから、やはり問題なのは天然ガス。ロシアの歳入の20%を占めていたのが前述のガスプロム社の天然ガスです。ノルドストリームを通してドイツ、それにヨーロッパはロシア産の安い天然ガスに依存していましたが、それが入ってこないとなると、アメリカの高い価格の液化天然ガスを買わざるをえなくなるわけです。

現在、液化天然ガスの世界最大の生産国はカタールとオーストラリアで、日本もそこから買っていました。両国からの輸入量は年間7000トンといわれています。ロシアからのエネルギー依存脱却を図るドイツはカタールの国営エネルギー会社カタール・エナジー社とのあいだに15年間のLNGの輸入契約を結びました。購入開始は2026年の予定です。

カタールは間違いなくロシアに次ぐ世界第2位の天然ガス産出国ですが、ひとつリスクを挙げるなら、ガス層がお隣のイランにまで伸びており、一部を共有していることです。いまのところ可能性は低いのですが、カタールとイランのあいだで水争いならぬガス争いが起きることも想定しておく必要があるでしょう。

アメリカも、このビジネスチャンスに指をくわえて見ているわけがありません。

テキサス州ヒューストンに本社を置く石油サービス大手のベーカー・ヒューズによれば、従来あった112基の天然ガス掘削リグのうち、コロナ禍下の2020年には68基まで稼働数を減らしていましたが、2022年には54基を新たに増設し、現在は166基がフル稼働しています。

今後、アメリカは自国産の天然ガスを売るために、イラン周辺で何か小競り合いを演じることもあるかもしれません。まさかと思われるかもしれませんが、大国というものは、そういうことを平気でやるものなのです。

ウクライナの「小麦」が世界経済を混乱に陥れる

それから、穀物。世界有数の生産量を誇り、ウクライナの小麦が戦争の影響で収穫そのものが危うい状況にあります。ロシア産の小麦も同じです。じつはロシアは世界第1位の小麦輸出国で、全世界に流通する小麦の17%をロシア産が占めています。

黒海エリアからの小麦が入ってこなくて、いちばん困っているのは中東や北アフリカ、南アジア、とくにエジプトです。パキスタン、バングラデシュ、モロッコもこの地域の小麦に頼っています。

日本の小麦流通量は2021年度で国産が82万トン、輸入が488万トンで、そのほとんどを輸入に頼っている状況です。輸入元はアメリカ、カナダ、オーストラリアが主ですが、いまいったような状況で小麦の値段が高騰し、それがいろいろなものの物価に響き始めています。

もともと日本人の主食はコメでしたが、戦後、GHQの食糧改造もあって小麦食が増えてきた。よくいえば食の多様化ですが、1週間の食事のリストを見れば、われわれが普段食べているものは小麦原料のものが意外に多いことに気づくはずです。パン、うどんはもちろんのこと、パスタ、ラーメン、ピザ、あるいはフライ類の衣、おでんに欠かせない練り物……それらが軒並み値上がりしているわけです。

直撃を食らっているのは飲食店ですね。ようやくコロナの自粛ムードから解放されたと思ったら、これが来た。チェーン店でさえ店舗を縮小している状況ですから、今後も倒産する店は増えるでしょう。

もっと深刻なのは、完全小麦食のヨーロッパの食卓事情です。この戦争に加え、2022年にルーマニアを大旱魃（だいかんばつ）が襲い、小麦の生産量は前年比で15％減となっています。

こういった世界の食糧再編にアメリカはどうかかわってくるか。大いに気になるところです。いま、オハイオ州や農村地帯の大豆を中国がかなり高値で大量に買っているという情報もあります。アメリカは中国に厳しい制裁を科しているといわれながら、その実、抜け道的に商売をしているのです。それはロシアも同様ですが。

中国もゼロコロナ対策の失敗で流通は麻痺し、食糧も不足の状況です。習近平退陣を訴える白紙デモが中国全土に拡散したこともありましたが、アメリカとの関係やロシアとの関係も含めて注視が必要でしょう。

兵器産業の隆盛で笑いが止まらないロスチャイルド

そして何度もいいますが、アメリカの最大のビジネスは兵器です。軍需産業はアメリカの隠れた根幹産業でもあります。

戦争が起これば、そこに新しい兵器を投入して性能を調べる。実戦でどれほどの威力を発揮するかの実験です。むろん世界に向けてのセールス・アピールの場でもあります。湾岸戦争やイラク戦争ではバンカーバスター（地中貫通爆弾）やデイジーカッターが大活躍したのを記憶されている読者も多いことでしょう。あれによって砂漠の戦闘の常識がガラリと変わりました。

ロシア・ウクライナ戦争では各種ドローン兵器もさることながら、アメリカからウクライナに供与された対戦車ミサイルのジャベリンが世界の注目を集めました。これはかなり高価で、1基6万ドル。これらを含む武器20億ドル分をアメリカは援助として供与しています。もちろん、宣伝費と考えれば安いという目算があってのことです。

ジャベリンは肩に担ぐ携帯型のミサイルで、そのためにミサイルを含んだ総重量が約20キログラムという軽量に設計されています。通常のミサイル兵器というと水平に飛んで目標を攻撃するイメージがありますが、ジャベリンの場合は目標に近づきつつ、150メートルの高度まで上昇し、装甲が薄い戦車の上部を狙います。目標をセットしてミサイルを発射すれば自動誘導で確実に敵に着弾する「撃ちっぱなし式」のため、発射後に速やかに退避することができるのです。発射装置と照準装置が一体となっており、通常1、2時間の訓練で誰でも操作が可能というコンビニエント性もセールスポイントです。

この、誰でも、どこでも簡単に使いこなせるというところが、いかにもアメリカ風だと思います。アメリカはハンバーガーチェーンでもなんでも世界均一の味を厳守させ、フランチャイズにするときは接客マニュアルを含めてパックで売り出します。昨日入ったアルバイトでもすぐ戦力になるというのがモットーなのです。熟練のパイロットやオペレーターを頼りにする戦争から、誰でもその日のうちに実戦に参加できる戦争へと、いまは時代の過渡期にあるのかもしれません。

これまでロシアとアメリカが世界の武器輸出のシェアを争っていました。つい最近まではロシアがアメリカを抑えていて、たとえばインドや中国もみんなロシアの兵器を買っていたわけです。ところが今回の戦争でロシアの兵器があまりにも時代遅れであることが露呈してしまった。世界中の目がアメリカ製の兵器に注がれているのです。

ジャベリンをつくっているロッキード・マーティン社とセイレオン社の株はダダ上がり中です。アメリカのほかの兵器メーカーも、いまは笑いが止まらないといった状況でしょう。需要が増えれば当然、量産になり、1基あたりの値段も安くなり、ますます売れるというものです。

この戦争ではアメリカとイギリスが儲け、とどのつまりはロスチャイルドとニューヨークが儲けているという構図に変わりはありません。

第7章
「アジア有事」から日本を守る方法

なぜ、中国は「台湾統一」をアピールし始めたのか

2021年に中国共産党が結党100周年を迎えました。大々的な記念式典が行われ、そこでは「台湾統一は党の歴史的責任だ」という声明が発せられ、台湾海峡をめぐる米中の軍事対立のボルテージが一気に高まりました。中国共産党にとって両岸統一は悲願であり、習近平にとっても己のメンツがかかっている大事業です。毛沢東の再来を目指す彼は毛沢東もやれなかった台湾統一を成し遂げ、党の歴史に名を刻みたいところでしょう。

中国が台湾に侵攻すれば当然、日本もこれに巻き込まれます。最悪、沖縄が戦場になることもありうる。岸田総理は防衛費の倍増を決めましたが、これに対して反対の意を唱える国民は少数です。いかに平和ボケといわれた日本人も、国際情勢の厳しい現実を無視できなくなったということでしょう。

ただ、われわれは中国の動向だけを注視しているのでは不十分です。中国と連動した北朝鮮の動きにも目を向ける必要があります。中国と台湾ではなく、東アジア全体の問題として捉えるのです。

現に世界中の目がウクライナに向いているなか、北朝鮮は日本海に向かってミサイルを撃ち

込む挑発を繰り返し、国際社会（というよりアメリカ）に存在感を示そうと躍起です。「俺たちのことも忘れるなよ」というサインであるのは、いうまでもありません。

朝鮮戦争が休戦して2023年でちょうど70年です。いうなれば38度線で南北コリアが分断固定して70周年ということになります。休戦ですから、国際法上は戦争はいまも続いているわけで、朝鮮半島は戦闘地域なのです。

ちなみに休戦のプレイヤーはアメリカを中心とした国連軍、北朝鮮、それに中国の人民解放軍で、韓国はこれに含まれません。すべては時の韓国大統領・李承晩が、軍を捨て、国を捨て、戦争を国連に丸投げしたためです。休戦後に韓国にはアメリカ軍が駐留しています。北朝鮮側には中朝国境である鴨緑江の向こうの100万人以上の人民解放軍が臨戦態勢を取っており、極東ロシアには巨大な軍事力が控えている状況です。

南北合わせても日本の本州より小さい朝鮮半島に、世界で最も強大な軍事大国がせめぎ合っており、いつでも戦争が起こりうる状況にある。へたをすれば極東発の第3次世界大戦につながりかねません。これまで朝鮮半島における平和は、これら3国（米、中、露）の微妙な軍事バランスで保たれてきましたが、北朝鮮が3国の反対を押し切って核ミサイルを開発、保有したことから、このバランスが揺らいでいます。プラスしてロシアが今回の戦争に予想以上に苦戦し、脆（もろ）さを露呈してしまったために、さらにこの揺らぎは大きいものになりました。

米、中、露は国連決議で北朝鮮に制裁を加えてはいますが、何度もいうように、北朝鮮は決して核を手放すことはありません。核開発をやめたイランがどうなったか、あるいは核を手放したウクライナがいま、どのような状況にあるかを北朝鮮の独裁者はよく知っています。名実ともに北朝鮮を核保有国と認めざるをえない状況になっているのです。

「火薬庫」はバルカン半島から朝鮮半島へ

一方、韓国はいわばアメリカの植民地ですが、この二十数年間で着実に経済力を高めてきました。現在、台湾に抜かれたとはいえ、スマホや半導体で一時は世界を席巻したという実力は、いまだ侮れないものがあります。戦争というものは対立する2国間、あるいは2大勢力の力の均衡が保たれているあいだは起きづらく、均衡が崩れたときに起こりやすい。となれば、いま、まさに極東はいつ軍事的衝突があってもおかしくない状況にあるといえます。

かつてバルカン半島はヨーロッパの火薬庫といわれていました。21世紀のいまはその火薬庫が東に移り、朝鮮半島が火薬庫になってしまった。とにかく歴史的に見ても地政学的に見ても半島というのは、つねに危なっかしい存在だといえます。

国連軍という名の同盟軍の軍艦が東アジアに集まっているのが現状です。日本は国連軍ではありませんが、アメリカの同盟国です。ということは、有事の際はアメリカと連動して作戦行動を展開していくことになるわけで、実質的には国連軍の一部と見られています。その証拠に日本は国連軍に港をすべて自由に使わせることが義務になっているのです。

よく、左派系の人たちが日米安保があるかぎり、日本が他国の戦争に巻き込まれるなどと主張しますが、それは一面で事実といえます。では、同盟を解消したらどうなるか。日本は孤立し、さらに脅威にさらされることになるのです。現代において一国だけで国を守ることはまず不可能といっていい。ロシア・ウクライナ戦争においても多くの国がウクライナに武器供与をしている現実から見ても、決して2国間の戦争ではないのです。ならば、より強固な同盟でもって守りを固めるしかありませんが、それにも大きなリスクをともないます。それについては、この章の終わりで触れてみましょう。

世界中どこでも身ひとつで根を下ろせる中国人

中国もロシア同様、西側の経済制裁を受けている状況ですが、今回の戦争のおかげで、ヨーロッパに売れなくなったロシア産の石油や天然ガスを買い叩くことで、どうにか延命していま す。そういうところは、じつに彼らは計算高く、狡知に長けているといわざるをえません。

北海道や新潟の土地がどんどん中国人に買われているという話を聞きますが、政府はこれに関してなんの反応も示しません（＊）。

また、ここにきて中国資本による企業の買収も進んでいます。大手家電量販店のラオックスは、いまでは完全に中国資本です。そのラオックス・グループが今度は関東最大の火葬会社・東京博善を傘下に収めました。ほぼ独占企業ですから、値上げも胸三寸。われわれ日本人は最期の旅立ちまで中国人に牛耳られてしまうことになります。中国本土では再び大規模なパンデミックが発生し、コロナ肺炎による死亡者が続出。火葬場が足りず、野焼きを行っているということを考えれば、じつに皮肉な話といえます。

こうやって日本の土地や企業を買い占めているのも、いざ戦争が起こったときのための彼らなりの保険の意味もあるのです。つまり、有事の際は大量の中国人が日本に逃げてきて土地に根を下ろす。そのための周到な準備と見ていいでしょう。有史以来、たびたび戦火に見舞われ、その都度、流民となって逃げまどってきた先祖から受け継いだDNAがそうさせるのです。アジアに、そして世界中に散らばった華僑は、その好例といえます。

お金持ちの華僑の場合、ひとつ屋根の下で暮らす家族全員の国籍が違うなんてことはめずらしくありません。いうなれば、そうやってリスクを分散させているわけで、いざというときにはスーツケースひとつで世界中どこにでも逃げ出すことができるという、彼らなりの知恵なのです。

最近は韓国人もこれにならうように、中流以外の家庭では子どもを早くから海外に留学させ、その国の国籍や永住権を獲得させることがステータスになっています。

中国人も韓国人も自分たちがいうほど祖国に愛着はありません。彼らが真にこだわるのは国ではなく、血族のつながりなのです。祖国に強い愛着があれば、この狭い日本に在日外国人が60万人もいるはずはありません。

それはともかく、中国人の大移動が起こり始めたら、大戦規模の戦争勃発の可能性はかなり高いと見るべきでしょう。むろん、そうなれば韓国人の海外脱出も加速するはずです。逃げるに逃げられないのは北朝鮮の人民ばかりということになります。

＊但馬オサム注＝2023年2月には、不動産業を営む中国人女性が沖縄の離島・屋那覇島（やなはじま）の土地の約50%を買い取ったことが明らかになり、安全保障上の問題等から物議を醸している。女性は「リゾート開発のための購入」といっているが……。

「南北統一」がアジア有事の発火点となる

よく、北朝鮮が暴走するのでは、という言葉を耳にします。金正恩が体制維持のために後先を考えずに38度線を越えてみたり、アメリカに向かって攻撃をしかけてきたりするというのです。私はそれはまずないと思います。金正日政権下で北朝鮮は核を手にし、つねにミサイルで日本を、世界を恫喝し続けてきましたが、そこには冷静な計算があるのです。北朝鮮の恫喝をひと言でいうなら、狂気を演じる理性です。刃物を振り回す危険な狂人を装いながら、その都度、アメリカから譲歩を引き出し、生き長らえてきたのを見れば、それはあながち突飛なたとえではないはずです。

むしろ北朝鮮が核を保有したまま韓国主導で統一を果たした場合のほうが、暴走の危険性が高くなると私は思っています。主体性に欠け、大統領が代わるたびに大衆迎合に走り、世界情勢を見る目もなく反日に狂う彼らですから、ある種の集団ヒステリー状態に陥れば、いつリーダーが核のボタンを押すやもわからない（＊）。その意味からしても、東アジアの安定という点においては南北は統一しないほうがいいし、アメリカもそう考えているはずです。

北朝鮮でいえば、ひとつ気になるのは、２０２１年に朝鮮労働党が党規約を改定し、金正恩が務める総書記に次ぐ事実上のナンバー2である「第1書記」のポストを設置したことです。新しい規約では「第1書記は金正恩総書記の委任を受けて会議を主宰できる」とあります。

最高指導者の存命中にこのようなポストを置いた前例がないため、金正恩が死亡した、あるいは深刻な病気を抱えているなどといった憶測が流れました。なかには本物の金正恩は妹の金与正によってすでに暗殺され、現在、表に登場する金正恩はダミーだという大それた噂もありました。たしかに金正恩には複数の影武者がいるようですが、さすがに暗殺説は荒唐無稽かと思います。糖尿などの疾病は抱えているようですが、金正恩そのものは健在です。

それより、なぜ、このようなポストを設けたのか、誰がついたのか、いまだ秘密というのが不気味といえます。

*但馬オサム注＝2023年1月、韓国の尹錫悦大統領が朝鮮日報のインタビューで、北朝鮮の脅威に対抗するために、「アメリカと核に関する共同企画、共同演習を議論しており、アメリカもかなり積極的だ」という趣旨の発言を行ったが、バイデン政権は速攻でこれを否定している。もし、本当に両国のあいだでなんらかの密約があったとしても、アメリカの同意なしにそのようなことを口外するのは外交上のルールに反する。これによって韓国がアメリカの軍事上のパートナーとしての信頼を大きく損ねたのは事実であろう。

じつは合理的思考を持つ金正恩

さらに注視したいのは、党規約から金日成、金正日、金正恩といった個人の名前が消えたことです。金日成の主体思想、金正日の先軍思想、「金正日将軍は永遠の総書記」であるといった表現もなくなりました。そもそも「総書記」は金正日の死をきっかけに彼一代のもの、いわば永久欠番的な称号となることが暗黙の了解のように伝わっていました。それが金正恩が「総書記」を継承することになって役職名に格下げされてしまった。もちろん、誰でも総書記になれるわけでもなく、たんなる役職以上の重みのある呼称ですが、朝鮮労働党が個人のカリスマに依存する特殊な政党ではなく、しくみ上は普通の共産党体制に転換したという見方もできるわけです。

北朝鮮では党規約が憲法より優先します。したがって、北朝鮮の指導体制は金正恩の独裁から朝鮮労働党の集団指導体制に移行したとも見えるのです。

体制のソフトチェンジが金正恩の意向によるものだとして、その真意に関しては憶測するしかありませんが、ひとついえるのは、金正恩は見かけによらずスマートな思考ができる男だということです。

金日成は、元をただせばソ連の息のかかった山賊の親分でしかありません。たんなるソ連の傀儡（かいらい）で終わるのではなく、自主独立を貫いてきたのは彼の実力ですが。息子の金正日は、いわばオタク。軍事オタク、映画オタクでした。中国やソ連にはたびたび出かけてはいますが、広い意味での欧米は知らなかった。逆にいえば、朝鮮半島の北側に閉じこもっていることで神秘性を保ってきたのです。祖父や父に比べ、スイスに留学していた経験がある金正恩はヨーロッパというものを知っている。欧米流の合理的な思考を持っているということです。

情報化社会に対応した北朝鮮のシフトチェンジ

金正恩は金日成、金正日の血を引く「白頭系統（はくとう）」だからこそ、北朝鮮の絶対的主導者の地位につけたわけですが、彼からすれば血統のカリスマ性だけで体制を維持することは無理があると見えてきたのでしょう。カリスマ性というのは持って生まれたものでもありますが、それを維持するためには不断の努力が必要です。主導者の巨大な銅像やモニュメントを建てるのもひとつの手でしょう。マスゲームや軍事パレードもそうかもしれません。しかし、さすがの北朝鮮でも、そんなやり方はすでに時代遅れになりつつあります。

原因のひとつは情報の流入です。いかに鎖国を貫こうとも、現代においては外部からの情報を完全遮断することは不可能です。北朝鮮政府はDVDなどで韓国ドラマを鑑賞した者は即逮捕、最高刑は死刑というお触れを出しました。しかし、人民のあいだにはひっそり韓国ドラマが浸透し、その人気はとどまるところを知らないとか。また、北朝鮮ではラジオのダイヤルがハンダで固定されており、韓国の放送が入らないようになっているそうです。しかし、みんなそれをひっそり改造し、毎晩、布団をかぶりながら最新の西側の情報を仕入れているといわれています。

そんな人民に普天堡（ポチョンボ）の抗日戦勝利だとか、白頭山（ペクトゥサン）の野営地でお生まれになった将軍さまだとかの「神話」を聞かせたところで、内心は鼻で嗤っているのではないか。巨大な銅像やモニュメントを建てるより、パンのひとつでも与えたほうが民心を捉えることができるでしょう。へたをすれば、そういったモニュメントや、つくられた神話に対する反発が反政府意識を高める材料になりかねません。

金正恩の体制のシフトチェンジは、翻って体制の維持につながるのです。

ちなみに「普天堡の戦い」というのは1937年6月4日、満洲に展開していた「金日成」率いる東北抗日聯軍（とうほくこうにちれんぐん）が豆満江（とまんこう）を渡って朝鮮（当時は日本だった）側に侵入して日本軍と交戦し、これに勝利したというもので、北朝鮮ではかなり美化して伝えられていますが、実際は警察署や学校を襲って放火したり金品を強奪したりするなどの赤色テロ事件で、当時の新聞も抗日軍を共産匪（共産ゲリラ）と記しています。

事実、抗日軍は国境警備隊の警察力だけで鎮圧されており、新聞によれば、ボスである「金日成」はこのときの銃撃で死亡したことになっています。これが事実なら、われわれがよく知る金日成はソ連が用意したまったくの別人ということになるのです。

このように北朝鮮の建国神話はかなりの部分が誇大、捏造、すり替えで成り立っています。かの国の教科書では金日成が抗日戦で分身の術や縮地法という一種の空間移動（テレポーテーション、ワープ）を使ったと大真面目に書いてありますが、これも「金日成」というコードネームのゲリラ隊長が複数いて、彼らの活躍をひとつにまとめるための辻褄合わせだと見られます。もはや、こういう「神話」自体が通じなくなっていると、北朝鮮のリーダーも気づいているのです。

「軍による党支配」から「党による軍支配」へ

もうひとつ、新しい党規約で注目すべきは「朝鮮人民軍は党の革命的武力である」と位置づけられたことです。共産主義国では党と軍のどちらが優位に立つかが重要な意味を持ちます。ロシア革命はレフ・トロツキーの赤軍が、中国革命は人民解放軍が担いました。先軍政治という言葉があるように、これまで北朝鮮は軍が党を支配していたのです。あの金正日も抗日戦や朝鮮戦争を戦った古参の軍人を下にも置かぬ扱いでご機嫌を取っていた。軍に背かれたら体制がもたないからです。そして、みずから「将軍」を名乗った。何より軍が優先するのです。

しかし、新しい規定では党が軍を支配することが確認されました。これは朝鮮人民軍に文民統制が導入されたということだと思います。非常に大きな変更だったため、発表まで半年もかかったのでしょう。

朝鮮戦争から70年。戦争の形態も変わりました。１発のミサイルは一個師団に勝ります。１個の核弾頭は１００万の兵に勝るのです。今後、軍の軽量化が進むでしょう。これも核を手に入れたことの自信であり、金正恩なりの合理主義的な考えによるものです。

金正恩に未来の後継者たる息子がいるのかどうかは、まだ明らかになっていません。しかし、万が一、金一族の「白頭血統」が途絶えたとしても、朝鮮労働党と北朝鮮が生き残れるように体制を整える必要を感じた結果だともいえます。

先にも書いたとおり、金正恩は北朝鮮を普通の共産主義国に転換しようとしたのでしょう。お手本はたぶん中国です。ただ、中国やソ連の共産党というのは組織が大きくなりすぎて権力闘争や足の引っ張り合いが日常化しています。習近平も２０２２年秋の党大会で胡錦濤（こきんとう）を失脚させ、返す刀で最大の政敵・李克強（りこっきょう）を切り捨てて見せました。当然ながら、金正恩はこれを注意深く見ていたでしょう。

しかし、北朝鮮の場合、中ソに比べ、国も党もコンパクトです。その意味では隅々までにらみをきかせやすい。自分たちの寝首をかく者は現れにくいという読みもあったと思います。そのためだったかどうかはわかりませんが、3代目襲名直後に古参の大粛清を実行し、党内部に十分に恐怖を植えつけています。逆らうとどうなるか、いざとなれば叔父の張成沢（チャンソンテク）ばかりか、実の兄の金正男（キムジョンナム）まで手にかける男なのです。どちらにしろ、金正恩という男はかなり知恵の回る人物だということです。

笑いながら「中国はウソつきだ」と言った金正恩

当然、今回の英断に反対する人もいます。党ではなく、金日成、金正日の血統こそが支配の正統性の源泉であると主張する人たちです。金日成の権威は抗日パルチザン闘争での活躍と朝鮮戦争での「勝利」です（彼らの論理でいえば、われわれはアメリカと引き分けたのであって、南朝鮮には勝利している、となります）。反日反米が金日成主義の柱ということになります。しかし、規約改定で、この反日反米の革命伝統が消えてしまいました。

金正恩の改革を推す勢力と「白頭血統」の伝統を守りたい勢力とのあいだで激しい権力闘争

もあったことでしょう。金正恩はその権力闘争を制したということになります。思えば張成沢の粛清は今回の改革の布石の意味もあったのではないでしょうか。

そもそも「白頭血統」主義といっても、金日成とともにパルチザン闘争に参加した世代は現在、ほとんど存命ではないでしょう。いるのは、それらの2世というだけで党のムダ飯を食っている連中です。中国共産党でいえば太子党（たいしとう）がそれにあたります。父・金正日の時代はまだ革命第1世代が党の中枢にいて、金正日も彼らを無下にはできませんでしたが、3代目の金正恩ともなれば、容赦なくこれを切り捨て御免にできるのです。

先ほど、私は金正恩を欧米流の合理主義を知っている人と評しました。ひと言でいえば、「新しい葡萄酒（ぶどうしゅ）は新しい革袋に入れるべき」の人です。必要とあればアメリカ大統領のトランプとだって会う。韓国大統領の文在寅（ムンジェイン）と手に手を取って軍事境界線を徒歩で渡るパフォーマンスもやって見せる。これは暗殺を恐れて国のなかに閉じこもっていた父・金正日にはできない芸当です。

アメリカのマイク・ポンペオ前国務長官はその回顧録のなかで、2018年のCIA長官時代に平壌で極秘会談を行ったときの金正恩の印象を、ユーモアを解する頭の回転の速い男と記しています。たとえばトランプが彼につけたあだ名「リトル・ロケットマン」を知っているかと国務長官が水を向けたところ、金正恩は「知っている。でも、リトル（ちび）は余計だよ」

と返したといいます。また、金正恩はポンペオに「あなたが私を暗殺しようとしていたのは知っている」といい、ポンペオは「いまでもそう思っている」といって笑ったそうです。こういうきわどいジョークが通じる人物だということです。

また、ポンペオが「中国は一貫してアメリカに対し、あなたは米軍が韓国から撤退するのを望んでいるといっている」と伝えると、金正恩はテーブルを叩いて笑って見せ、「中国はウソつきだ」といったといいます。中国の干渉を抑えるためにも朝鮮半島に米軍がいてくれなくては困るとまでいったというから驚きです。日本の識者のなかにも米韓の離間を北朝鮮が画策し、米軍撤退を工作しているという見方をする人は多いのですが、北朝鮮の大ボスみずからそれを否定した格好になります。

これだけ見ても、金正恩は決してボンクラの3代目ではなく、現実的で広い視野を持った人物だということがわかります。

「中国はウソつき」というのは、じつは北朝鮮の創業者・金日成の教えでもあるのです。金日成は息子の金正日にこういったといわれます。「中国人には10のポケットがある」と。人民服には四つのポケットがついていますが、そのほかに六つの隠しポケットを持っている。油断はするなということです。これなど日本の政治家にも聞かせてやりたいと思うのは私だけでしょうか。この教えは3代目の金正恩にもしっかり受け継がれているということです。

「中国共産党は半島をチベットや新疆ウイグルのように扱えるように米軍を追い出す必要がある」。金正恩がポンペオにいったこの言葉は重要といえます。

徳川家康は戦乱の世を終わらせ、江戸幕府を開いた歴史の英雄です。2代目将軍・秀忠は父から受け継いだ幕藩体制を不動のものにするために粉骨砕身しました。そして本当の意味での江戸時代が始まったのは、名君といわれた3代将軍・家光の時代です。金正恩を家光にたとえるのは異論があろうかと思いますが、いまいったように、彼は3代目の役目を十分に果たしていると思います。

個人独裁の限界を悟っていた金正日

では、2代目の金正日は無能だったかといえば、それも否です。彼ももうこれからは抗日パルチザン闘争のころのやり方は時代遅れであること、個人独裁には限界があることを見抜いていたのかもしれません。しかし、自分の代では急激な改革は不可能であることも知っていました。だから3人の息子を積極的に国外に出し、ヨーロッパの教育を受けさせて育てました。これも先見の明というべきでしょう。そもそも3男の金正恩を後継者に選ぶこと自体が儒教の伝統にとらわれない彼のセンスです。

翻って「白頭血統」主義の守旧派ですが、彼らも、みずからの主張に足もとをからめ取られてしまう危険性を孕んでいます。つまり、3代目である金正恩のやり方に異を唱えることは、彼らが掲げる「白頭血統」を否定することになります。

金正恩を排除し、ほかの「白頭血統」を担ぎ出すことができればいいのですが、ご承知のように金正日の長男・金正男はすでにこの世になく、ヨーロッパにいる次男の金正哲（キムジョンチョル）はエリック・クラプトンの追っかけや、夜な夜なガールフレンドを連れ立っての夜遊びが現地のマスコミに報道され、金正恩以上に西側の価値観、いわゆる資本主義的堕落にどっぷり浸（つ）かっている人物。到底、革命4代目として仰げる存在ではありません。残るは長女の金与正ですが、彼女は金正恩と一心同体といってもいい。第一、儒教道徳に凝り固まった守旧派には女性の最高指導者というのはありえない選択です。

結局、守旧派は粛清の影に怯えながらも、金正恩体制を支え続けなくてはなりません。金正男の有力な後ろ盾といわれた張成沢をさっさと処刑したことが、いまとなっては一石二鳥とも三鳥ともなってその効果を表している。すべてが計算づくであったのなら、金正恩というのはますますもって恐ろしい男といわざるをえません。

北朝鮮が米軍の韓国からの撤退を望まない真意

こうした北朝鮮の変化に対してアメリカがどう対応するのか。アントニー・ブリンケン国務長官は「北朝鮮との外交を模索する実用的かつ調整されたアプローチ」を取るといっていますが、抽象的で具体策はよくわかりません。これまでの「圧力」という言葉を引っ込めたところを見ると、より「対話」に重きを置くという誘い水であるかもしれませんが、金正恩は彼が考えるよりずっとしたたかでタフです。ひょっとすれば、アメリカの足もとを見るように、またぞろミサイル恫喝をしてくるかもしれません。

いや、アメリカもある程度はそうした挑発を見越しているふしさえ感じます。金正恩がアメリカ軍の朝鮮半島からの撤退を望まないという言葉から探ることができます。彼にすれば朝鮮半島の防衛をアメリカに意識させる必要もあるでしょう。アメリカもこれに対して米韓、あるいは日、米、韓の合同軍事練習で対応せざるをえない。同時に、これは中国に対する牽制にもなる。北朝鮮によるある程度のミサイル挑発は大歓迎とはいわないまでも、アメリカは容認していると見ていい。要は示し合わせのプロレスです。アメリカにとって警戒すべきはＩＣＢＭだけということになります。

日本にとって好ましいことではありませんが、いま、アメリカにとって朝鮮半島の非核化の優先順位はかなり低くなっているといっていいでしょう。その代わり、北朝鮮と中国の関係を注視している状況です。北朝鮮は中国共産党の100周年記念の祝電を送る一方で、コロナ・パンデミックを防ぐためという理由で中国の国境を封鎖し、食糧供給を断っています。

先に書いたとおり、北朝鮮の歴代のリーダーは中国を信用していません。心の根っこでは嫌っているといってもいい。となれば、条件さえ合えば、中国から距離を置いてアメリカに接近する可能性もなくもない。

アメリカは北朝鮮がICBMの開発を放棄したら、日本と韓国に経済援助をさせるくらいの腹でいる。アメリカの目は北朝鮮を飛び越えて中国に向いているのです。その証拠が、アメリカが韓国に配備した地上配備型ミサイル迎撃システムのTHAAD（終末高高度防衛ミサイル）です。対北朝鮮向けと見られるこのシステムの配備に北朝鮮ではなく中国が激怒し、貿易を制限するなどの制裁に踏み切り、一時期、中韓の関係が冷え込んだことがあります。なぜ、中国があそこまで怒りを露わにしたかといえば、THAADに使われているXバンドレーダー（AN/TPY-2）にあります。これによって中国大陸の約半分の地域が丸裸にされたも同然なのです。

日本にも青森県つがる市の車力分屯基地と京都府京丹後市の経ヶ岬に同型のレーダーが配備されており、日本海をほぼカバーしていますが、これらXバンドレーダーはデータリンクでつながっており、お互いを補完することができます。探知能力に関しては機密にされていますが、1000キロメートル以上と見ていいでしょう。中国にとっては憎たらしい存在です。

繰り返しになりますが、北朝鮮が暴発的に日本ないしアメリカを攻撃してくる可能性は、ゼロとはいいませんが、かなり低いと思います。アメリカにとって北朝鮮はちょっと手に余るヤンチャ坊主といったところです。しかし、そのヤンチャ坊主がいてくれるおかげで、その後ろにいるもっと大きな悪玉を見張ることができるということになります。したがって、アメリカも現在、北朝鮮の完全排除は考えていないでしょう。できることなら中国と離反させ、こちらサイドに置きたいと戦略を立てているはずです。北朝鮮も自分のその立ち位置といいますか、存在価値を熟知していると思います。

今後とも中朝の関係には目配りが必要です。

「北朝鮮＋アメリカ」vs.「韓国＋中国」の時代へ

アメリカが北朝鮮を取り込むというと、少し荒唐無稽に聞こえるかもしれません。その場合、同盟国である韓国はどうなるのだということになりますが、それ以前にアメリカにとっての韓国の重要度は、ここにきてダダ下がりの状態で、これはちょっとやそっとでは修正不可能な状態といえます。

原因は韓国の中国べったりの姿勢です。韓国はその経済の大部分を中国との貿易に依存しています。THAAD騒動のとき、中国から報復として韓国製品ボイコットをしかけられ、大打撃を受けたのです。以来、韓国は中国に逆らえなくなってしまいました。

2021年8月にアメリカのナンシー・ペロシ下院議長がアジア歴訪（訪問順にシンガポール、マレーシア、台湾、韓国、日本）した際、韓国では要人が空港に出迎えもせず、そればかりか、尹錫悦大統領は休暇中を理由に面会もせず、電話会談ですますという非礼を働きました。インド太平洋の安全保障に関する重要な議題があるにもかかわらず、です。すべては中国さまのご機嫌を損ねてはならないという配慮からでした。

そこまでして中国に操を立てながらも、頼みの中国はコロナ禍とアメリカの経済制裁のダブルパンチで韓国からの輸入を絞っている状態。そもそも中国は近年、不動産バブルが弾けて韓国に構っている場合ではなくなっています。その原因は中国の特殊な不動産投資のシステムにあります。

私有地を認めていない中国では土地そのものの売買はなく、すべて借地権の売買となります。地方の役人は中抜きで私腹を肥やすためにどんどん借地権を売り、その結果、人が住まないような辺鄙（へんぴ）な村にまで高層マンションが乱立するという異様な光景が生まれました。明らかな供給過多です。

ある専門家が1戸３人家族が住むことを前提に中国全土の空き物件を計算してみたところ、なんと1億人分の部屋が余っているという結果になりました。日本の人口が1億２０００万といわれますから、どれほど過剰かは想像できるでしょう。

では、韓国は中国への過度な依存をやめ、再び日米に寄り添おうとするのか。すでにそれはもう遅いということです。韓国の基幹産業ともいえるのが半導体事業ですが、完全に日米は韓国を見かぎり、台湾への投資に切り替えています。

文在寅政権の反日政策で冷え切った日韓関係の改善を図ろうと、さかんに秋波を送っていますが、これもうまくはいかないでしょう。いわゆる徴用工問題に関して「賠償金」を韓国政府が肩代わりする案を出してきていますが、日本からすれば、そちらでお好きにやりなさいとしかいいようがない。すべては１９６５年の請求権協定で解決ずみの話なのです。

韓国はどうせ泣けば飴玉（あめだま）をしゃぶらせてくれるものと日本をナメ切っています。過去に何度も飴玉を与え、その都度、裏切られ続けてきました。もし岸田政権が彼らに甘い顔を見せるようなことがあれば、ただでさえ低い支持率が回復不能なまでに下落することでしょう。

となれば、最終的に韓国は中国に吸い寄せられていかざるをえなくなる。大国に挟まれ、つねに事大（じだい）主義＝大に事（つ）くことでしか生き延びる術（すべ）を知らない半島国家の悲哀といえるかもしれません。

今後、北朝鮮がアメリカに接近し、韓国がレッドチーム入りするということも十分にありうる話です。水面下ですでにアメリカはそのように動いているかもしれません。南北が統一し、いうことを聞かない国が半島にできあがるよりは、そちらのほうがなんぼもいいとアメリカは考えているはずです。世界情勢の流れは急激ですし、その変化はこれからもっと速くなることでしょう。20世紀の常識では想像もできないようなことが起こりうる。それが21世紀なのです。

香港やチベットの独立心に火をつけたウクライナの善戦

どちらにしろ、世界の勢力地図を書き換えるような大きな変革、ありていにいえば戦争ですが、それはロシアを含めた極東アジアで起こるのは間違いないし、いまはその過渡期にあるといえます。過去の2回の大戦の結果、国境線は大きく書き換えられ、さらに鉄のカーテンが引かれたわけですが、戦争によって書き換えられるのは国境線だけではありません。民族意識、ナショナルアイデンティティがそうです。

中国と台湾は、まだ本格的な戦争にいたっていませんが、中国の脅威が台湾の人のなかに、われわれは中華民国人ではない、台湾人だという強い意識と団結を生みました。

蔣経国（しょうけいこく）が亡くなり、李登輝（りとうき）が総統となって民主化が進んだばかりのころ、ある日本の雑誌が台湾の若者に「あなたは台湾人ですか。中国人ですか」という意識調査をしたところ、台湾人と答えた人、中国人と答えた人、台湾人であり中国人であると答えた人が、きれいに3分割されていました。近年、同じ質問でアンケートしたところ、台湾人と答えた人が80％を超えています。30年のあいだにこれだけ意識が変わったということであり、同時にそれだけ中国の脅威が現実味を持ってきたということでしょう。

ウクライナが、なぜ、ここまで大国ロシアの猛攻に耐えて善戦しているかといえば、西側の最新兵器の供与のおかげだけではなく、この戦争によって国民のあいだに強い「ウクライナ人」意識が目覚めたことによります。

そもそもウクライナは「辺境」を表すkraiという言葉を語源としています。ヨーロッパの最東端、ロシアの最西端で、どちらにとっても辺境であることを表しているのです。東側のロシアに近い地域にはロシア人が多く、西に行くにつれて血統的なウクライナ人の数が多くなっています。さらに北はポーランド、南はルーマニアの影響が強く、スロバキア、ハンガリー、モルドバとも国境を接し、黒海を挟んでトルコと向き合っているわけです。さまざまな民族、宗教が交じっていて、もともと分離しやすい要素を持った脆弱な国家でした。

ロシア人が多く居住しているということは、ウクライナにとっては爆弾を抱えていることになり、現にプーチンはウクライナ侵攻の理由のひとつにウクライナ国内で迫害を受けているロシア系住民の解放を挙げていました。しかし、そのロシアの横暴きわまる軍事侵攻によって、ロシア系住民も含めて「ウクライナ人」アイデンティティに目覚めてしまった。プーチンにしてみれば計算外のことであり、第三者から見れば、じつに皮肉なことです。

同じことは中国国内でも起こりつつあります。香港です。香港は99年間の租借を終え、1997年にイギリスから中国に返還されました。香港の人々は当初、中国への帰属を大いに喜びました。しかし、いざ中国の一部になってみると、約束された50年間の一国二制度は反故にされ、そればかりか、中国共産党によって言論、結社の自由さえ奪われてしまったのです。これによる香港の人々の失望と怒りはすさまじく、彼らのあいだに中国人ではない「香港人」アイデンティティが醸造されていったとしても不思議ではありません。また、香港の現状を見て台湾人もますます脱大陸を深めています。

ゼロコロナのかけ声のなか、中国本土を見えない囲いで覆っている状態でした。かつての竹のカーテンに似ているかもしれません。囲いのなかに、香港も含めて人民を閉じ込めているあいだは大きな民族紛争は起きないでしょう。しかし、コロナが終息すれば香港独立運動が息を吹き返すかもしれない。これがチベットやウイグルの独立派と連携し始め、かつ西側を中心とした国際世論が肩入れをしたら、中国共産党にとって悪夢以外の何ものでもありません。

「台湾独立」と「対中戦争回避」のあいだで揺れるアメリカ

トランプ政権時の2018年6月、アメリカは台湾・台北市にある事実上の大使館にあたるAIT（American Institute in Taiwan＝アメリカ在台湾協会）の建物を大規模新設させています。ここはたんなる大使館業務ではなく、常時500人のスタッフが働き、中国の軍事的動向を追っており、いわば対中インテリジェンスの中央ステーションといった機能を有しています。一時、このAITにはアメリカの特殊部隊が常駐して対空ミサイルで防衛しているなどという噂も立ちましたが、さすがにそれはないようです。とはいえ、中国にとっては大変目ざわりな存在なのはたしかです。

トランプは大統領就任直後に蔡英文総統と電話会談を行い、1979年以来の禁忌を破りました。その際、トランプは堂々と蔡英文をPresidentと呼んだといいます。さらにトランプは米台政府高官の相互往来を解禁する台湾旅行法を成立させました。これによって2018年に蔡英文は南米歴訪の経由地としてアメリカ南部ヒューストンにあるNASA（アメリカ航空宇宙局）を訪問しています。

アメリカは台湾の国家承認に向けて動いているといっていいでしょう。バイデン政権も基本的にこの路線を踏襲していますが、同時に独立への性急な舵切り(かじき)は慎むよう蔡英文政権に釘を刺しています。いま、それを行えば、中国の台湾侵攻に口実を与えてしまうのは明白です。聡明(そうめい)な蔡英文もそれは十分に理解しているでしょう。

アメリカは、というかバイデン政権はアフガニスタンから米軍を撤退させ、同地に大きな混乱を残す結果となり、大いに非難を浴びました。

それはそうでしょう。イギリスやドイツがＮＡＴＯ軍の国際保安支援隊という名目でタリバンと対峙しているときに、同盟国になんの相談もなしに勝手に撤退を決めた。主力のアメリカ軍なしに国際保安支援隊は成り立ちませんから、イギリスやドイツも撤退するしかない。外国軍の支援を失ったアシュラフ・ガニー政権は情けないことに戦いを放棄し、大統領が真っ先に国外に逃げ出してしまった。おかげで、あの地域はまた混沌(こんとん)とした状況に陥っている。

前任のトランプも米軍の撤退を公約していましたが、タリバンと粘り強く交渉を続けて落としどころを模索していた。しかし、バイデンはトランプへの対抗意識もあったのか、そんなことをお構いなしで、さっさと撤退を決めてしまったのです。

アフガニスタンは１９７９年にソ連の侵攻を受けて以来、ずっと外国勢力を巻き込んで内紛と内戦を繰り返してきました。米軍の撤退は一般民衆にとっては久しぶりに自国から外国勢力がいなくなるということで歓迎すべきことかもしれません。それは逆にいえばタリバンの勝利を民衆に認識させることになり、彼らの勢力拡大に力を貸す結果をもたらしたのです。いまいったようにソ連に侵攻された経験を持つアフガニスタンのロシアに対する意識は複雑なものがあります。うまく扱えば対露の重要なカードになりえたかもしれないのに、バイデンにはそういった先見の明やセンスがない。

角度を変えて見れば、そうまでして戦力を中東から割いたのは、アメリカ自身が産油国となり、中東からの石油輸入の依存が低くなったという点も大きいものの、やはり、いま、戦争の危機にあるのは中東よりアジアだという認識に立っての判断です。中東とアジアの二正面に兵力を置けない、完全な対中モードにシフトしたということを意味します。

しかし、注意しなければいけないのは、アメリカは決して中国と戦争をする気はないということです。むしろ中国との戦争を避けるために同盟国とともに圧倒的な軍事的優位な体制を構築することで中国を封じ込め、戦争をする気を削ぐという戦略です。ただ、アフガニスタン撤退で同盟国の信頼を損ねてしまったのも事実。米英間を見ても、かつてのトランプ＝ジョンソンのような阿吽の関係は望めない。これをどう乗り切るか、バイデンのお手並み拝見とだけいっておきましょう。

日本が生き残る「たったひとつの方法」

それはさておき、アジアを中心に大きな枠組みの変化が起こるのは事実で、国際社会はすでにそちらに向かって動いています。まず、考えられるのがアジア版NATOともいえる対中シフトの構築です。アメリカはすでに設計図をにらんでいる状況にあります。現在、日本は国連軍のメンバーではありませんが、アジア版NATOができれば当然、メンバーとなるでしょうし、日本を抜きにしたアジア版NATOでは意味がありません。NATOは軍事同盟ですから、防衛上はとても意味のあることです。もはや一国で国の安全を守れる時代ではないのですから。

しかし、同時にそれは日本の軍事的主体性を放棄し、すべてはNATO軍事司令官である米軍司令官の指揮下に入ることを意味します。これはヨーロッパのNATOにおけるドイツ軍と同じ立場です。憲法のからみもあるでしょうが、これをわが国が容認できるかどうかにかかっています。

われわれは日米安保条約のもとで、いまだ米軍の占領下にあります。世界第3の経済大国として成り上がったため、一人前の独立国だと思い込んでいますが、戦後70年以上、ずっとアメリカの従属国です。その状況に慣れすぎて当たり前に思うようになってしまった。米軍の広大な基地はずっと手つかずで残り、国連軍という名目で外国の軍隊が日本の領空や領海を自由に航行している。日本は自分たちが属国であることすら忘れている情けない状況にあります。

ちなみにフランスはNATOの創立メンバーでした。1958年に大統領に就任したド・ゴールは米英の核独占を批判し、このままではアメリカ主体の軍事同盟の一部にされると見て独自の核開発を進めました。そして1965年にNATOの軍事部門からの脱退を表明した（2009年のニコラ・サルコジ政権で復帰）。これがエマニュエル・トッドのいうド・ゴール主義であり、日本にもこれをすすめているのです。それだけの自主性を持てと。

果たして日本にド・ゴールのようなリーダーが登場するのだろうか。核を持たずに、果たして軍事的自主性を保てるのか。あるいは核保有の道を選択するのか。その機は来るのだろうか。

私は、答えは遠くない未来に出ると思っています。それだけ国際社会は急変しているのです。

（文中敬称略）

あとがきにかえて

但馬（たじま）オサム

２０２２年12月、菅沼光弘先生がお亡くなりになった。

じつは本書の執筆に必要な菅沼先生のインタビューは追加のものを含めすべて完了し、旧年中に出版する予定であったが、僕、但馬オサムの体調不良で遅れに遅れ、今日にいたった次第である。

その間、先生からは催促らしいものもなく、私の筆の進むに任せてくださった。それが余計に気後れになり、こちらからご連絡を差し上げるのもついついためらいがちになる。しかし、放置するわけにはいかない。年賀状に「遅れながらも、どうにか執筆は進んでいます。私の責任において、必ずや出版にこぎつけますから」と記した。返事はなく、たぶん先生も呆（あき）れているのかと思って肩を落としていたところ、奥さまから先生の訃報を告げるハガキをいただいたのである。

一瞬、頭のなかが真空状態になった。菅沼先生は１００歳まで生きられる方だと思っていたからである。身体健康、背筋はまっすぐ伸び、記憶力も抜群だった。僕でも中年の坂を登り切ったあたりから固有名詞や数字がすんなり出てこないこともあるのに、先生にはまったくそのようなことはなかった。眼光も声も最後まで鋭さを失わなかった。いまでも先生がいなくなったことが信じられないでいる。

原稿はすでに最終段階に入っていた。幸い、奥さまからは、ぜひ完成させてほしいとの温かいお言葉を賜り、それを励みにパソコンに向かうと、それまでの逆調がウソのように筆が進み、数日で脱稿することができた。

生前の先生のお手元に届けることはかなわなかったが、ご仏前に供えることで、せめてもの不義理のおわびとしたい。

これは以前も書いたことなのだが、先生とのおつきあいの始まりは、『撃論(げきろん)ムック』シリーズ（オークラ出版）のインタビュー連載である。通常、インタビュー記事では語り手にゲラチェックをお願いするのだが、先生は「君に任せるから」といってノーチェックだった。活字になってからもクレームがつくことは皆無だった。

そういったことが縁で、単行本もご一緒させてもらうことになった。最初のそれは忘れもしない『ヤクザと妓生(キーセン)が作った大韓民国』（ビジネス社）。これはヒットし、重版ののち、新書版でも再販され、現在は電子書籍となっている。当初はあくまで菅沼光弘著で、僕は一インタビユアーとしての参加だったが、僕の仕事を多とされた先生は版元にかけ合ってくださり、新書版では共著としてクレジットされることになった。先生のお心づかいには、いまも深く感謝している。

おかげさまで、同書はいまでは僕の代表作のひとつであるとともに、『韓国呪術と反日』（青林堂）、『こんなに明るかった朝鮮支配』（ビジネス社）を合わせて但馬オサムのコリア3部作と呼ばれている。ちなみに『韓国呪術と反日』を最初に評価してくださったのは菅沼先生である。

先生とは生前、都合5冊の単行本をコラボレーションさせていただき、本書はその6冊目となった。本書の最初の企画を持って事務所にうかがったのは２０２２年の初夏。ロシア・ウクライナ戦争が泥沼化し始めたころであり、世論も安全保障についてリアルな論議がようやくできるようになった感があった。激動する世界情勢をにらみながら、核武装という選択も含めて日本の安全保障を考える本にしたいとお願いした。先生には「ずいぶんと大きなテーマだな」と苦笑されたのを覚えている。

しかし、いざインタビューが始まると、知識とデータの貯蔵庫のような先生のお話は戦時中の陸海軍の核研究のエピソードから、最新の超ハイテク兵器にまで多岐にわたった。本書を読んでいただければ菅沼先生の見識の広さがご理解いただけるかと思う。そして、あらためて痛感するのは、核を持つと持たないとでは国際社会における国の発言権や影響力に雲泥の差があるということだ。むろん僕自身は核武装賛成派である（堂々とそう名乗れるようになるまで、それなりの葛藤を経ていたことは白状しよう）。

しかし、いまだ日本の核保有の実現にはいくつかのハードルが立ちふさがっているのだ。そのハードルの一つひとつを検証することができたという点でも本書の役目は果たせたかと自負する。

先生が急逝されたあとも、当然ながら国内外の情勢は変化し続けている。先生の「教え」はそれらを読み解くヒントを与えてくれた。

日本はアメリカからトマホークミサイルの大量購入を決めた。これに関して左翼メディアは例によって「税金のムダ」「アメリカの言いなり」から、定番の「戦争を始める気か」までかまびすしい。「いや、戦争をしないがための抑止力なのだ」と、これらの人たちにいったところで聞く耳を持たないだろう。

日本の技術力をもってすれば、アメリカ製に負けない精度を誇るミサイルなど開発可能だと思う。しかし、現時点では時間的なものとコストの問題でアメリカ製の兵器を買ったほうが効率がいいというだけの話だ。僕はいつか中国の脅威にさらされているアジア諸国に、日本製の優秀な兵器が配備されることを願っている。

北朝鮮に目を転じてみれば、金正恩総書記が愛娘の金朱愛をともなって軍事パレードに出席したことで、すわ後継者のお披露目かとちょっとしたニュースになった。まだ10歳の少女を後継者と見るのはいささか性急かと思うが、その可能性は決して低くはないといっておく。それは金朱愛の丸々とした顔立ちと体形からの推測である。

菅沼先生から以前、北朝鮮の主導者は太っているのも、その大きな条件だとうかがった。なるほど、金日成、金正日、それに金正恩もたしかに肥満体である。人民が飢えて死んでいるというのに、その国のリーダーばかりが肥え太っているのはけしからんと思うのは日本人的な感覚にすぎないと先生。

神武天皇の民の竈の精神は北朝鮮にはない。領導者というのは国父、全人民の父である。たとえ子が飢えても、お父さまにはたっぷり食べて太っていただく。それが朝鮮式儒教の孝の考え方なのだそうだ。

二人の兄を差し置いて3男・金正恩が金正日の後継に決まったとき、マスコミに出回った彼の写真と実際に最高指導者として現れたときの動画を見比べれば、短時間にかなり無理して太った感じがありありで、そのことが糖尿を含めた現在の彼の健康不安説につながっている。

果たして金正恩は自分の後継者に愛娘を指名する意思があるのか。それは10年を待たずに明らかになるだろう。

菅沼先生といえば、やはりあの眼光である。僕はその印象を「身長180センチを超える長身に鋭く目が光っている」と書いた記憶があるが、写真を見ると172センチの僕とそんなに変わらない。たしかにあの世代では背が高いほうかもしれないが、僕の早とちりである。おそらく最初にお会いしたときの得(え)もいえぬ威圧感が、より巨大に先生を見せたのだろう。

しかし、実際に接してみて、こんなにやさしい人もいなかった。先にも書いたクレジットでのお心づかいはほんの一例である。ヤクザであろうと、在日本大韓民国民団であろうと、朝鮮総連であろうと、同和関係者であろうと、僕のようなチンピラ物書きであろうと、どんな相手でも「人間」として対等につきあう。そんな人だった。

先生はその外見に似ず（失礼）、甘いものがお好きである。事務所を訪ねるときは、いつもケーキを持参で、先生につないでほしいという編集者にもそうアドバイスしていた。ドイツに留学していたときの下宿のおかみさんが焼いてくれたチーズケーキの味が忘れられないと先生はよくおっしゃっていた。その働き者でやさしいおかみさんが、書棚の奥にこっそり『マイン・カンプ』（むろん禁書）を隠していたなんて話もおもしろかった。

ドイツ留学ではちょっと艶っぽい話もあったらしい。「先生のエリスはどんな人でした？」

と突っ込むと、照れ隠しなのか、少しぶっきら棒な口調で「いつか話す」とはぐらかされたものだ。その「いつか」が永遠に来ないと思うと返すがえすも寂しい。

菅沼光弘先生。長いあいだ、本当にお疲れさまでした。そして、ありがとうございました。

元「日本版CIA」だから書けた
日本核武装試論
「アジア有事」を生き抜くインテリジェンス

2023年6月14日　第1刷発行

著　者　菅沼光弘

ブックデザイン　長久雅行
イラスト　gomixer-stock.adobe.com
企画・構成　但馬オサム

発行人　畑 祐介
発行所　株式会社 清談社Publico
〒102-0073
東京都千代田区九段北1-2-2 グランドメゾン九段803
Tel. 03-6265-6185　Fax. 03-6265-6186

印刷所　中央精版印刷株式会社

ISBN 978-4-909979-46-9 C0031

清談社
Publico

http://seidansha.com/publico
Twitter @seidansha_p
Facebook http://www.facebook.com/seidansha.publico